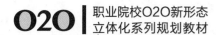
O2O 职业院校O2O新形态
立体化系列规划教材

Office 2013

办公软件应用

立体化教程｜微课版

张震 谭冠群 ◎ 主编

帅志军 王德永 王飞 ◎ 副主编

U0311563

人民邮电出版社
北京

图书在版编目（CIP）数据

Office 2013办公软件应用立体化教程：微课版 /
张震，谭冠群主编. -- 北京：人民邮电出版社，2020.5
职业院校O2O新形态立体化系列规划教材
ISBN 978-7-115-52497-3

Ⅰ. ①0… Ⅱ. ①张… ②谭… Ⅲ. ①办公自动化－应
用软件－高等职业教育－教材 Ⅳ. ①TP317.1

中国版本图书馆CIP数据核字(2019)第257171号

内 容 提 要

本书主要讲解 Office 办公软件的使用，其中 Word 部分主要包括制作与编辑 Word 文档、文档
图文混排、长文档编排与批量制作；Excel 部分包括制作与编辑 Excel 表格、计算与管理表格数据、
Excel 数据图表分析；PowerPoint 部分包括演示文稿的基础操作、美化与完善演示文稿、添加交互
与放映输出。本书最后一章为通过所学内容制作综合案例。

本书采用项目式分任务讲解，每个任务由任务目标、相关知识、任务实施 3 个部分组成，然
后进行强化实训，最后安排了相应的练习，并总结了技巧，多方面提升读者的学习和动手能力。

本书适合作为职业院校计算机办公自动化专业以及计算机应用等相关专业的教材，也可作为
各类社会培训学校相关培训教材，还可供 Office 初学者、办公人员自学使用。

- ◆ 主　　编　张　震　谭冠群
　　副主编　帅志军　王德永　王　飞
　　责任编辑　马小霞
　　责任印制　王　郁　马振武
- ◆ 人民邮电出版社出版发行　北京市丰台区成寿寺路 11 号
　　邮编　100164　电子邮件　315@ptpress.com.cn
　　网址　https://www.ptpress.com.cn
　　三河市君旺印务有限公司印刷
- ◆ 开本：787×1092　1/16
　　印张：15　　　　　　　　　　2020 年 5 月第 1 版
　　字数：268 千字　　　　　　　2020 年 5 月河北第 1 次印刷

定价：49.80 元

读者服务热线：(010)81055256　印装质量热线：(010)81055316
反盗版热线：(010)81055315
广告经营许可证：京东工商广登字 20170147 号

前　言
PREFACE

　　根据现代教学的需要，我们组织了一批优秀的、具有丰富教学经验和实践经验的作者团队编写了本套"职业院校O2O新形态立体化系列规划教材"。

　　教材进入学校已有3年多的时间，在这段时间，我们很庆幸这套图书能够帮助教师授课，得到广大教师的认可；同时我们更加庆幸，很多教师给我们提出了宝贵的建议。为了更好地服务于广大教师和同学，我们根据一线教师的建议，开始着手本套书的改版工作。改版后的丛书拥有案例更多、行业知识更全、练习更多等优点。在教学方法、教学内容和教学资源3个方面体现出自己的特色，更能满足现代教学需求。

教学方法

　　本书设计了"情景导入→课堂案例→项目实训→课后练习→技巧提升"5段教学法，将职业场景、软件知识、行业知识进行有机整合，各个环节环环相扣，浑然一体。

- **情景导入**：本书以日常办公中的场景展开，以主人公的实习情景为例引入教学主题，并将其贯穿于课堂案例的讲解中，让学生了解相关知识点在实际工作中的应用情况。教材中设置的主人公如下。

  米拉：职场新人，昵称小米。

  洪钧威：人称老洪，米拉的顶头上司。

- **课堂案例**：以来源于职场和实际工作中的案例为主线，将米拉的职场之路引入每一个课堂案例。因为这些案例均来自职场，所以应用性非常强。在每个课堂案例中，我们不仅讲解了案例涉及的软件知识，还介绍了与案例相关的行业知识，并通过"行业提示"的形式展现出来。在案例的制作过程中，穿插有"知识补充""操作提示"小栏目，以提升学生的软件操作技能，拓展知识面。

- **项目实训**：结合课堂案例讲解的知识点和实际工作的需要进行综合训练。训练注重学生的自我总结和学习，因此在项目实训中，我们只提供适当的操作思路及步骤提示供参考，要求学生独立完成操作，充分训练学生的动手能力。同时增加与木实训相关的"专业背景"，帮助学生提升自己的综合能力。

- **课后练习**：结合项目内容给出难度适中的上机操作题，可以让学生强化和巩固所学知识。

- **技巧提升**：以项目案例涉及的知识为主线，深入讲解软件的相关加深知识，让学生可以更便捷地操作软件，或者可以学到软件的更多高级功能。

教学内容

　　本书的教学目标是循序渐进地帮助学生掌握Office办公软件的高级应用，具体包括掌握Word 2013、Excel 2013、PowerPoint 2013的基本操作，以及Office各组件的协同使用。全书共 10 个项目，包括以下几个方面的内容。

- **项目一和项目二**：主要讲解 Word 2013 的基本操作、格式设置、文档的打印操作，以及图片、文本框、艺术字、表格等对象的应用。
- **项目三**：主要讲解长文档的编排和批量制作等知识。
- **项目四**：主要讲解制作与编辑 Excel 表格的基本操作，包括工作簿、工作表和单元格的基础操作，以及设置、美化与打印 Excel 表格。
- **项目五和项目六**：主要讲解 Excel 表格数据的计算、管理与分析。
- **项目七**：主要讲解制作与编辑 PowerPoint 演示文稿的基本操作，包括幻灯片的基本操作，以及文本、图片、形状、SmartArt 图形、表格和图表的应用。
- **项目八和项目九**：主要讲解设计母版搭建演示文稿的框架、多媒体和动画的引用，以及放映与输出幻灯片的操作。
- **项目十**：结合实训，主要讲解 Word、Excel、PowerPoint 的协同使用。

平台支撑

人民邮电出版社充分发挥在线教育方面的技术优势、内容优势、人才优势，潜心研究，为读者提供一种"纸质图书＋在线课程"相配套，全方位学习 Office 办公软件的解决方案。读者可根据个人需求，利用图书和"微课云课堂"平台上的在线课程进行碎片化、移动化的学习，以便快速全面地掌握 Office 办公软件以及与之相关联的其他软件。

"微课云课堂"目前包含近 50 000 个微课视频，在资源展现上分为"微课云""云课堂"这两种形式。"微课云"是该平台中所有微课的集中展示区，用户可随需选择；"云课堂"是在现有微课云的基础上，为用户组建的推荐课程群，用户可以在"云课堂"中按推荐的课程进行系统化学习，或者将"微课云"中的内容进行自由组合，定制符合自己需求的课程。

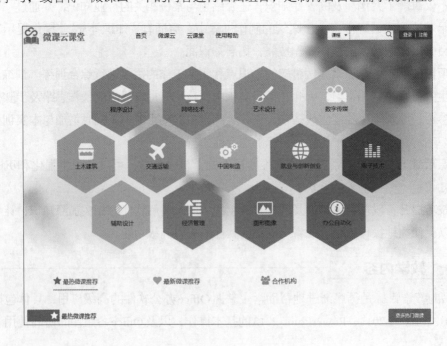

◇ **"微课云课堂"的主要特点**

微课资源海量，持续不断更新："微课云课堂"充分利用了出版社在信息技术领域的优势，以人民邮电出版社60多年的发展积累为基础，将资源经过分类、整理、加工以及微课化之后提供给用户。

资源精心分类，方便自主学习："微课云课堂"相当于一个庞大的微课视频资源库，按照门类进行一级和二级分类，以及难度等级分类，不同专业、不同层次的用户均可以在平台中搜索自己需要或者感兴趣的内容资源。

多终端自适应，碎片化移动化：绝大部分微课时长不超过十分钟，可以满足读者碎片化学习的需要；平台支持多终端自适应显示，除了在PC端使用外，用户还可以在移动端随心所欲地进行学习。

◇ **"微课云课堂"的使用方法**

扫描封面上的二维码或者直接登录"微课云课堂"（www.ryweike.com）→用手机号码注册→在用户中心输入本书激活码（b0813655），将本书包含的微课资源添加到个人账户，获取永久在线观看本课程微课视频的权限。

此外，购买本书的读者还将获得一年期价值168元的VIP会员资格，可免费学习50000个微课视频。

 教学资源

本书的教学资源包括以下几个方面的内容。

- **素材文件与效果文件**：包含书中实例涉及的素材与效果文件。
- **模拟试题库**：包含丰富的关于Office三大组件的相关试题，读者可自动组合出不同的试卷进行测试。另外，本书还提供了两套完整模拟试题，以便读者测试和练习。
- **PPT课件和教学教案**：包括PPT课件和Word文档格式的教学教案，以方便老师顺利地开展教学工作。
- **拓展资源**：包含图片设计素材、音/视频素材和软件操作技巧等。

特别提醒：上述教学资源可访问人民邮电出版社人邮教育社区（http://www.ryjiaoyu.com/）搜索书名下载，或者发电子邮件至dxbook@qq.com索取。

本书涉及的所有案例、实训、讲解的重要知识点都提供了二维码，学生只需要用手机扫描即可查看对应的操作演示，以及知识点的讲解内容，方便学生灵活运用碎片时间即时学习。

本书由张震、谭冠群任主编，帅志军、王德永、王飞任副主编。虽然编者在编写本书的过程中倾注了大量心血，但恐百密之中仍有疏漏，恳请广大读者不吝赐教。

编　者
2019年12月

目　录

CONTENTS

项目三　长文档编排与批量制作　53

项目四　制作与编辑Excel表格　75

项目五　计算与管理表格数据　99

项目六　Excel数据图表分析　119

项目七 演示文稿的基础操作 139

项目八 美化与完善演示文稿 159

PART 1

项目一
制作与编辑Word文档

情景导入

米拉刚进入职场，为了完成公司交代的任务，米拉常常求教于亦师亦友的老洪……

米拉：老洪，"会议通知"怎么做？

老洪：你得使用Word来输入会议通知的相关内容。

米拉：那我也可以用Word来编辑同事的"演讲稿"吗？

老洪：当然，Word不仅可以输入和编辑文本，设置格式，让文档看起来更加美观，还可以将制作的文档打印到纸张上。

学习目标

- 熟悉Word基本知识并掌握基础操作
- 掌握移动、复制、替换文本等编辑文档的操作方法
- 掌握设置文字、段落格式和项目符号及编码的方法
- 学会打印文档

技能目标

- 制作"会议通知"文档
- 编辑"演讲稿"文档
- 设置并打印"工作计划"文档

任务一　制作"会议通知"文档

米拉自从知道公司安排自己制作"会议通知"文档，就想利用自己所学的知识来快速制作完成。老洪告诉米拉，通知文档一般使用Word来制作。通知文档的内容和组成相对简单，只需基础的操作即可完成制作，但在制作"会议通知"文档前，需要清楚会议的参与人员有哪些，会议的主要内容是什么，这些都需要在文档中体现。

一、任务目标

本任务将使用Word 2013制作"会议通知"文档，首先新建文档，并保存文档，然后输入文本，保存后关闭文档即可。

通过本任务的学习，可以掌握Word 2013的基本操作方法，包括文档的新建、打开、保存、关闭操作，以及输入普通文本、输入特殊字符与输入日期和时间的方法。完成后的参考效果如图1-1所示。

 效果所在位置　效果文件\项目一\任务一\会议通知.docx

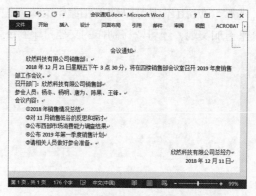

图1-1　"会议通知"文档效果

职业素养

"会议通知"的书写格式

"通知"是日常办公中经常使用的文档。会议通知是上级对下级、组织对成员之间部署工作、传达事情或召开会议等使用的应用文。通知的写法有两种：一种以布告形式贴出，把事情通知到有关人员，如学生、观众等，通常不用称呼；另一种以书信的形式，发给有关人员，会议通知写作形式同普通书信一样，只需写明通知的具体内容即可。"通知"一般由标题、主送单位（受文对象）、正文、落款4部分组成。

二、相关知识

Word 2013是美国Microsoft公司推出的办公应用软件——Microsoft Office的组件之一，主要用于文档处理，能制作集文字、图像、数据于一体的各种文档。

（一）Word 2013的启动与退出

下面讲解启动与退出 Word 2013 的方法。

1. 启动 Word 2013

Word 的启动方法很简单，与其他常见应用软件的启动方法类似，主要有以下3种方法。

- 选择【开始】/【所有程序】/【Microsoft Office】/【Microsoft Word 2013】菜单命令。
- 创建了 Word 2013 的桌面快捷方式后，双击桌面上的快捷方式图标。
- 在任务栏的"快速启动区"中单击 Word 2013 图标 。

创建快捷图标启动程序

单击 按钮，在"Microsoft Word 2013"命令上单击鼠标右键，在弹出的快捷菜单中选择【发送到】/【桌面快捷方式】菜单命令，可以为 Word 软件创建快捷图标，以后要启动该软件时，只需双击创建的快捷图标。

2. 退出 Word 2013

退出 Word 主要有以下4种方法。

- 选择【文件】/【退出】菜单命令。
- 单击 Word 2013 窗口右上角的"关闭"按钮✖。
- 按【Alt+F4】组合键。
- 单击 Word 窗口左上角的控制菜单图标 ，在打开的菜单中选择"关闭"命令。

（二）认识 Word 2013 的操作界面

启动 Word 2013 后将进入其操作界面，如图1-2所示。下面将对 Word 2013 操作界面中的各组成部分进行介绍。

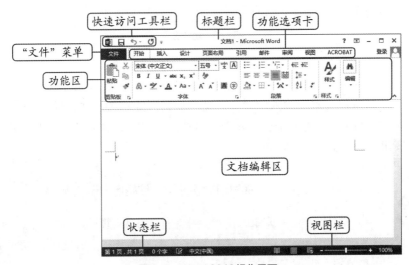

图1-2　Word 2013 操作界面

1. 标题栏

标题栏位于 Word 2013 操作界面的最顶端，用于显示程序名称和文档名称。通过右侧的"窗口控制"按钮组（包含"最小化"按钮 –、"最大化"按钮□和"关闭"按钮✖），可以最大化、最小化和关闭窗口。

2. 快速访问工具栏

快速访问工具栏显示了一些常用的工具按钮，其中默认为"保存"按钮、"撤销"按钮、"恢复"按钮。用户还可自定义按钮，方法是单击该工具栏右侧的下拉按钮，在打开的下拉列表中选择相应选项即可。

3. "文件"菜单

该菜单中的内容与Office其他版本中的"文件"菜单类似，主要用于执行与该组件相关文档的新建、打开、保存等基本操作，以及软件基本设置等操作。"文件"菜单分为左右两部分，其中左侧为菜单命令，选择一个命令后，其右侧将显示该命令的对应设置区域，或者显示对应的文件预览效果。

4. 功能选项卡

Word 2013操作界面显示了多个功能选项卡，单击任一选项卡可打开对应的功能区，单击其他选项卡可分别切换到相应的选项卡。每个选项卡分别包含了相应的功能组集合，如"开始"选项卡有"剪贴板"组、"字体"组、"段落"组等。

5. 功能区

功能选项卡与功能区是对应的关系，单击某个选项卡即可展开相应的功能区。功能区有许多自动适应窗口大小的组，每个组包含了不同的命令、按钮或下拉列表框等，如图1-3所示。有的组右下角还会显示一个"对话框启动器"按钮，单击该按钮将打开相关的对话框或任务窗格，以进行更详细的设置。

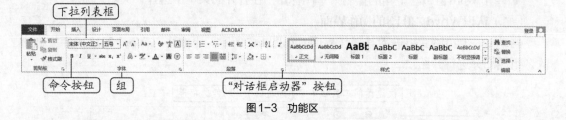

图1-3 功能区

6. 文档编辑区

文档编辑区是用来输入和编辑文本的区域，其中有一个不断闪烁的竖线光标"|"，即"鼠标光标"，用来定位文本的输入位置。在文档编辑区的右侧和底部还有垂直和水平滚动条，当窗口缩小或编辑区不能完全显示文档内容时，可拖曳滚动条中的滑块或单击滚动条两端的三角形按钮使内容显示出来。

通过滑轮快速缩放编辑区显示比例

在Word文档编辑区中，可按住【Ctrl】键不放，向上滚动鼠标滑轮，放大文档编辑区；向下滚动鼠标滑轮，缩小文档编辑区，以便快速查看和编辑内容。

7. 状态栏

状态栏位于窗口最底端的左侧，用来显示当前文档页数、总页数、字数、当前文档检错结果、语言状态等信息。

8. 视图栏

视图栏位于状态栏的右侧，单击视图按钮组  中的相应按钮可切换视图模式；单击最右侧的当前显示比例按钮，可打开"显示比例"对话框调整显示比例；单击"缩小"按钮、"放大"按钮+或拖曳滑块可以调节页面显示比例，方便用户查看文档内容。

三、任务实施

（一）新建与保存文档

启动Word 2013后，系统将自动新建一个名为"文档1"的空白文档，用户可通过多种方法新建更多文档并进行保存。下面将新建文档并将其以"会议通知.docx"为名进行保存，其具体操作如下。

（1）启动Word 2013，选择【文件】/【新建】菜单命令，然后选择右侧"新建"栏中的"空白文档"选项。

（2）系统将新建一个名为"文档2"的空白文档，如图1-4所示。

微课视频

新建与保存文档

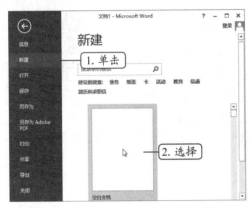

图1-4　新建空白文档

（3）在快速访问工具栏中单击"保存"按钮，在弹出的界面的"另存为"栏中双击"计算机"选项，如图1-5所示。

（4）打开"另存为"对话框，在地址栏中设置文档的保存位置，在"文件名"文本框中输入文档的名称，这里输入"会议通知"，单击 保存(S) 按钮，如图1-6所示。

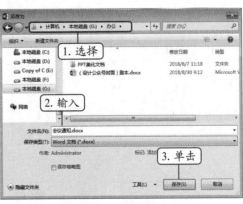

图1-5　双击"计算机"选项　　　　图1-6　保存文档

（5）此时可以看到保存后的标题栏文档名称为"会议通知.docx"，某效果如图1-7所示。

图1-7　保存的效果

操作提示

保存与另存为文档

已经保存过的文档，进行编辑后单击"保存"按钮 ，将不再打开"另存为"对话框，而是直接保存文档；选择【文件】/【另存为】菜单命令，将打开"另存为"对话框，可将文档存放到其他位置，或命名为其他文档保存。

（二）输入普通文本

在Word中输入普通文本的方法非常简单，只需在文档编辑区的相应位置单击鼠标，待出现不停闪烁的鼠标光标"|"后，在其位置即可输入文本。下面将在新建的"会议通知.docx"文档中输入普通文本，其具体操作如下。

微课视频

输入普通文本

（1）切换至中文输入法状态，将鼠标指针移动到文档编辑区上方的中间位置，当其变成 形状时，双击鼠标左键定位鼠标光标，输入标题文本"会议通知"，输入的文本将显示在鼠标光标处并自动居中对齐，如图1-8所示。

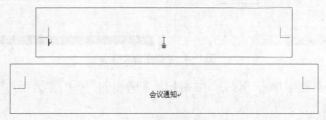

图1-8　输入标题

（2）按【Enter】键换行，然后按【Backspace】键将鼠标光标移动到该行左侧起始处，按4次空格键使段落前空4个字符，然后输入正文文本，当输入的文本到达右边界时，文本会自动跳转至下一行继续显示，如图1-9所示。

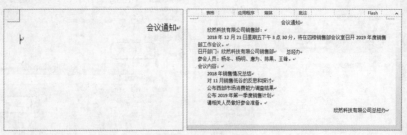

图1-9　输入普通文本

按4次空格键的原因

　　一般中文文档段落开始处都会空2个字符。因为按1次空格键会空1字节，而每个中文字符占2字节，所以在输入中文时，应在段落开始处按4次空格键使段落前空4字节，即2个字符。

（三）输入特殊字符

　　文档中普通的标点符号可直接通过键盘输入，而一些特殊的符号则需通过"符号"对话框输入。下面在"会议通知.docx"文档中输入带圈字符，其具体操作如下。

微课视频

输入特殊字符

（1）在需要插入符号的"2018年销售情况总结"文本前单击鼠标，定位鼠标光标。单击"插入"选项卡，在"符号"组中单击"符号"按钮Ω，在弹出的列表中选择"其他符号"选项，如图1-10所示。

（2）打开"符号"对话框，在"字体"列表框中选择符号的字体，这里选择"Wingdings"选项，并在其下的列表框中选择需要输入的符号"①"，如图1-11所示，然后单击 插入(I) 按钮，即可在鼠标光标处插入选择的符号。

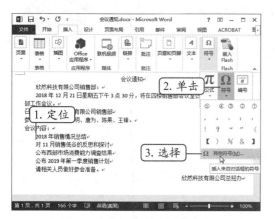

图1-10　执行"其他符号"命令

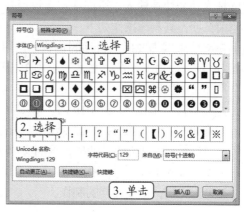

图1-11　选择符号并插入

"Wingdings"字体选项

　　Wingdings字体系列是预置在Windows系统中的图形化符号。Wingdings字体汇集了日常生活中常用的表意符号，如电话、书本、眼镜等；Wingdings2字体主要包含数字序号、几何图形等；Wingdings3字体则包含了箭头形状的全部种类。

（3）使用同样的方法，将鼠标光标定位到相应的文本位置，然后依次插入②、③、④、⑤带圈字符，效果如图1-12所示。完成后，单击 关闭 按钮关闭"符号"对话框。

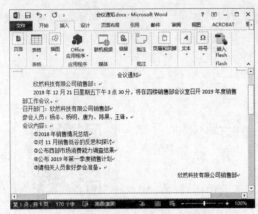

图1-12　输入带圈字符的效果

使用软键盘输入符号

知识补充

利用软键盘也可输入各类符号，其方法为：在输入法状态条的软键盘图标上单击鼠标右键，在弹出的快捷菜单中选择符号类型，在打开的软键盘中可看到该符号类型下的所有特殊符号，将鼠标指针移到要输入的字母键上，当其变为形时单击该符号或按键盘上相应的键即可输入所需符号。

（四）输入日期与时间

在Word中输入日期与时间，可以用输入普通文本的方法来输入，如果需要输入当前的日期和时间等信息，则可以通过Word的日期和时间插入功能快速输入。下面在"会议通知.docx"文档署名处末尾插入当前日期，其具体操作如下。

微课视频

输入日期与时间

（1）在文档末尾需要插入日期的位置单击鼠标，定位鼠标光标。单击"插入"选项卡，在"文本"组中单击 日期和时间按钮，打开"日期和时间"对话框。

（2）在"语言"下拉列表框中选择"中文（中国）"选项，在左侧的列表框中选择需要的日期格式"2018年12月11日"，并单击取消选中 自动更新(U)复选框，取消日期自动更新。单击 确定 按钮关闭对话框，返回文档编辑区，即可在鼠标光标处插入所选格式的日期文本，如图1-13所示。输入完成后，单击"保存"按钮 保存文档，单击"关闭"按钮 关闭文档，完成文档的制作。

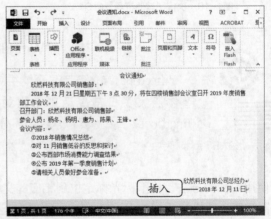

图1-13　输入日期与时间

任务二 编辑"演讲稿"文档

米拉的同事准备参加公司组织的销售经理岗位竞聘，于是让米拉帮忙修改、完善演讲稿，如图1-14所示。老洪告诉米拉，要完成该任务需要在文档中检查文本错误、删除多余的文字、调整文本顺序以及修改文本使语句通顺等。

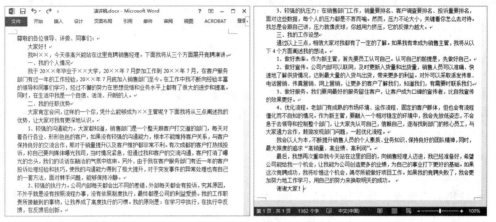

图1-14 "演讲稿"素材效果

一、任务目标

首先打开提供的"演讲稿.docx"素材文档；然后对文本进行编辑，主要包括修改、移动和复制文本、查找和替换文本等操作；最后为文档添加批注，输入注释文本。"演讲稿"编辑后的效果如图1-15所示。

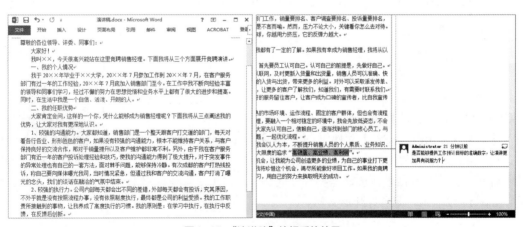

图1-15 "演讲稿"编辑后的效果

通过本任务的学习，可以掌握选择文本、修改与删除文本、移动和复制文本、查找和替换文本等编辑文本的基本操作，并可使用批注对文档进行注释。

素材所在位置 素材文件\项目一\任务二\演讲稿.docx
效果所在位置 效果文件\项目一\任务二\演讲稿.docx

演讲稿对演讲者的指导意义

演讲稿是演讲的依据。演讲稿能够帮助演讲者确定演讲的目的和主题，其作用主要表现在以下几个方面：组织和表达演讲者的思想感情；提示演讲的具体内容；具有消除演讲者紧张恐慌的心理作用；用来限定演讲者进行演讲的语速。因为如今的演讲技巧，包括语言、形体、动作等都十分接近，所以一篇好的演讲稿，在一定程度上为成功演讲奠定了基础。

二、相关知识

编辑修改文本或设置文本格式，都需要先选择文本。选择文本有以下几种常用方法。

- **选择任意文本**：在需要选择文本的开始位置单击鼠标，并按住鼠标左键不放将其拖曳到文本结束处释放鼠标，选择后的文本呈蓝底黑字的形式。
- **选择不连续的文本**：选择部分文本后，按住【Ctrl】键不放，可以继续选择不连续的文本区域。
- **选择一行文本**：除了用选择任意文本的方法拖曳选择一行文本外，还可将鼠标指针移动到该行左边的空白位置，当其变成 形状时单击鼠标，即可选择整行文本。
- **选择一段文本**：除了用选择任意文本的方法拖曳选择一段文本外，还可将鼠标指针移动到段落左边的空白位置，当其变为 形状时双击鼠标，或在该段文本中任意一点连续单击3次鼠标左键。
- **选择整篇文档**：在文档中将鼠标指针移动到文档左边的空白位置，其变成 形状时，用鼠标连续单击3次；将鼠标光标定位到文本的起始位置，按住【Shift】键不放，单击文本末尾位置；或直接按【Ctrl+A】组合键。

三、任务实施

（一）打开文档

要查看或编辑保存在计算机中的文档，必须先打开该文档，打开文档可使用多种方法实现。下面以在Word 2013中打开"演讲稿.docx"文档为例进行讲解，其具体操作如下。

微课视频

打开文档

（1）启动Word 2013，选择【文件】/【打开】菜单命令，在"打开"栏中双击"计算机"选项，如图1-16所示。

（2）打开"打开"对话框，选择需要打开的文档，再单击 确定 按钮，如图1-17所示，即可打开该文档。

双击或拖动到操作界面打开文档

在保存文档的位置双击文件图标可以打开该文档；将文件拖动到Word 2013操作界面的标题栏处，当鼠标指针变为 形状时，释放鼠标，也可打开文档。

图1-16 双击"计算机"选项

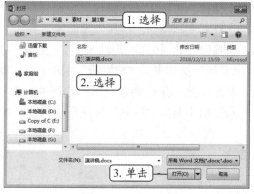
图1-17 打开文档

（二）修改与删除文本

在 Word 文档中可对输入错误的文本内容进行修改，而多余或重复的文本，则需要删除。下面在"演讲稿.docx"文档中修改和删除文本，其具体操作如下。

微课视频
修改与删除文本

（1）选择"二、我的任职优势"段落中的"××主管"文本，输入文本"销售经理"，原来的文本"××主管"自动由输入的文本"销售经理"替换，如图1-18所示。

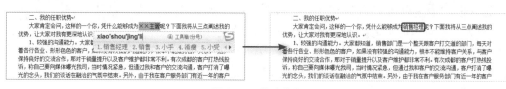
图1-18 修改文本

（2）将鼠标光标定位到第一页倒数第3行的"最后，"文本后，然后按住鼠标左键不放并拖曳到文本"准备好，"处释放鼠标。

（3）按【Delete】键或【Backspace】键删除选择的文本，如图1-19所示。

图1-19 删除不需要的文本

知识补充

删除鼠标光标前后的文本

　　按【Delete】键可删除鼠标光标后的文本，按【Backspace】键可删除鼠标光标前的文本。

（三）移动与复制文本

若要输入文档中已有的文本，可使用复制操作，若要将所需文本内容从一个位置移动到另一个位置，可使用移动操作。下面将在"演讲稿.docx"文档中进行移动、复制文本操作，其具体操作如下。

微课视频

移动与复制文本

（1）选择以"1、较强的沟通能力。"文本开头段落中的相应文本，在"开始"选项卡的"剪贴板"组中单击"剪切"按钮。

（2）将鼠标光标定位到该段落的段尾处，在"开始"选项卡的"剪贴板"组中单击"粘贴"按钮，如图1-20所示。

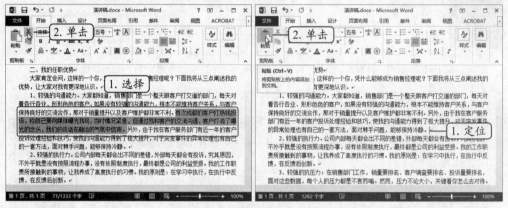

图1-20　剪切并粘贴文本

（3）选择以"通过以上三点"文本开头段落中的"如果我有幸成为销售主管，"文本，在"开始"选项卡的"剪贴板"组中单击"复制"按钮。

（4）将鼠标光标定位到以"我会以人为本"文本开头段落的段首位置，然后在"开始"选项卡的"剪贴板"组中单击"粘贴"按钮，如图1-21所示。

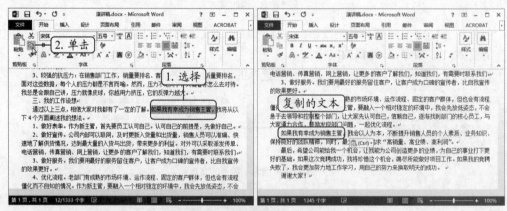

图1-21　复制并粘贴文本

知识补充

拖动或使用组合键移动和复制文本

　　选择需要移动的文本，按住鼠标左键不放将其拖动到目标位置，用于移动文本；拖动文本时，按【Ctrl】键表示复制文本。另外，按【Ctrl+X】组合键可以剪切文本；按【Ctrl+C】组合键可以复制文本。

（四）查找与替换文本

在编辑一篇较长的文档时，如果将一个词语或者字符输入错误，此时若逐个修改，将会花费大量的时间。使用Word中的查找与替换功能则可将文档中错误的文本快速地更正过来，从而提高工作效率。下面在"演讲稿.docx"文档中将"主管"文本替换为"经理"，其具体操作如下。

（1）将鼠标光标定位到文档的开头位置，然后在"开始"选项卡的"编辑"组中单击 查找按钮右侧的下拉按钮，在弹出的下拉列表中选择"高级查找"命令。

（2）打开"查找和替换"对话框的"查找"选项卡，在"查找内容"文本框中输入需查找的内容"主管"，然后单击 查找下一处(F) 按钮，系统将查找鼠标光标后第一个符合条件的文本内容，如图1-22所示。

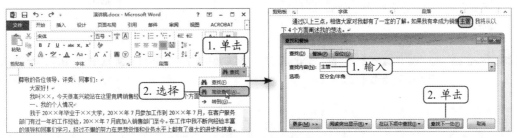

图1-22 查找第一个符合条件的文本

13

（3）单击 阅读突出显示(R) 按钮，在弹出的列表中选择"全部突出显示"选项，将所有的查找内容突出显示，如图1-23所示，查看这些文本内容是否需要修改。

（4）单击"替换"选项卡，在"替换为"文本框中输入"经理"文本，然后单击 全部替换(A) 按钮，如图1-24所示，将所有"主管"文本替换为"经理"文本，替换后关闭对话框即可。如果单击 替换(R) 按钮，将从第一个符合条件的内容开始依次替换。

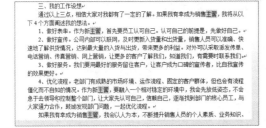

图1-23 突出显示查找的内容

图1-24 替换文本

（五）使用批注注释文本

工作中编辑文档，或上级在查看下级制作的文档时，需要对某处进行补充说明或提出建议，可使用批注进行注释，以提醒编辑者进行相应的修改。下面在"演讲稿.docx"文档中添加批注，对修改内容进行注释，其具体操作如下。

（1）选择需要进行注释的文本内容，或将鼠标光标定位到该处，然后单击"审阅"选项卡，再在"批注"组中单击"新建批注"按钮，如图1-25所示。

（2）Word自动在文档相应位置插入批注框，然后在批注框中输入所需的内容，效果如图1-26所示。完成操作后，保存文档。

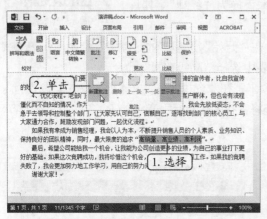

图1-25　新建批注

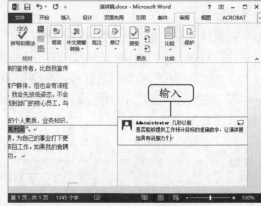

图1-26　输入批注内容

查看与删除批注

在"批注"组中，单击"上一条"按钮或"下一条"按钮，可快速浏览批注。在"批注"组中单击"删除"按钮可删除某个批注；单击"删除"按钮下方的按钮，在弹出的列表中选择"删除文档中所有的批注"命令，可删除文档中的所有批注。

任务三　设置并打印"工作计划"文档

公司制定了一份2019年质量工作计划，要求米拉设置文档并打印。老洪告诉米拉，设置工作计划文档格式，可以使打印的文档具有层次感，达到规范、整齐的效果。

一、任务目标

本任务将对打开的素材文档进行字符格式和段落格式的设置，包括设置字体、字号、字体颜色、段落缩进、行距、对齐方式等操作。设置完成后，预览文档效果并打印。设置"工作计划"后的参考效果如图1-27所示。

通过本任务的学习，可了解格式的基本含义，掌握字符格式和段落格式的设置，并学会打印文档的方法。

　素材所在位置　素材文件\项目一\任务三\工作计划.docx
　效果所在位置　效果文件\项目一\任务三\工作计划.docx

图1-27 "工作计划"设置前后的效果

职业素养

怎样写出一份好的工作计划

工作计划必须在分析过往经验、市场行情、公司环境和发展状况等基础上，用数据作为依据来制定。

编写工作计划时，一定要简明扼要、条理清晰，最好能够提供准确的销售数据或生产标准，并分点罗列出可行的措施或方案。这样的工作计划更有说服力，并且可执行程度高。

二、相关知识

（一）自定义编号起始值

在使用自定义段落编号的过程中，有时需要重新定义编号的起始值，此时可选中应用了编号的段落，然后单击鼠标右键，在弹出的快捷菜单中选择"设置编号值"命令，即可在打开的对话框中设置编号的起始值或选择继续编号，如图1-28所示。

图1-28 设置编号值

（二）自定义项目符号样式

Word默认提供了一些项目符号样式，要使用其他符号或计算机中的图片文件作为项目符号，可在【开始】/【段落】组中单击"项目符号"按钮 ≡ 右侧的下拉按钮 ，在弹出的列表中选择"定义新项目符号"选项，然后在打开的对话框中单击 符号(S)... 按钮，打开"符号"对话框，选择需要的符号并确认设置即可；在"定义新项目符号"对话框中单击 图片(P)... 按钮，再在打开的对话框中单击 插入(S) 按钮，则可选择计算机中的图片文件作为项目符号，如图1-29所示。

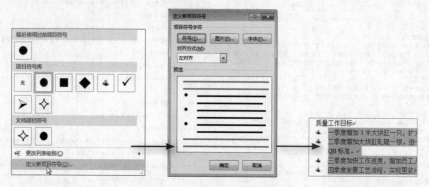

图1-29　自定义项目符号样式

三、任务实施

（一）设置文本格式

设置文本格式主要是对字体、字形和字号等文本外观进行设置，可以使文档更加美观整洁。设置文本格式主要通过【开始】/【字体】组或"字体"对话框实现。下面在"工作计划.docx"文档中使用不同的方法设置文本的字体格式，使文档的字体样式更符合工作需求，其具体操作如下。

（1）打开"工作计划.docx"素材文档，选择标题文本，在【开始】/【字体】组单击"字体"列表框右侧的下拉按钮 ，在弹出的下拉列表框中选择"方正姚体"选项，如图1-30所示。

（2）在"字号"下拉列表框中选择"小二"选项，如图1-31所示。

图1-30　设置字体

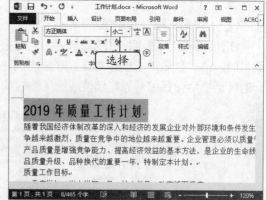

图1-31　设置字号

（3）保持文本的选中状态，单击"字体颜色"按钮 A 右侧的下拉按钮 ，在弹出的下拉列表中选择"红色，着色2，深色25%"选项，如图1-32所示。

（4）选择除标题外的其余文本内容，在【开始】/【字体】组单击右下方的"对话框启动器"按钮，如图1-33所示。

<table>
<tr><td>图1-32　设置字体颜色</td><td>图1-33　启动字体对话框</td></tr>
</table>

（5）打开"字体"对话框，分别在"中文字体""字号""西文字体"下拉列表框中选择"华文新魏""小四""Times New Roman"选项，如图1-34所示。

（6）单击"高级"选项卡，在"间距"下拉列表中选择"加宽"选项，在"磅值"数值框中输入"0.5磅"，单击 确定 按钮，如图1-35所示。

图1-34　设置字体样式

图1-35　设置间距

逐渐放大或缩小字号

如果不知道应将文本设置为多大的字号，依次选择不同的字号又比较费，可先选择文本，再按【Ctrl+]】组合键逐渐放大字号，或按【Ctrl+[】组合键逐渐缩小字号。

（二）设置段落格式

微课视频

设置段落格式

通过设置段落格式，如设置段落对齐方式、缩进、行间距、段间距等，可以使文档的结构更清晰、层次更分明。段落格式的设置通常通过"段落"组和"段落"对话框来实现。下面对"工作计划.docx"文档进行段落格式设置，其具体操作如下。

（1）选择标题文本，在【开始】/【段落】组中单击"居中"按钮，如图1-36所示。

（2）选择最后两段文本，在"段落"组中单击"右对齐"按钮，如图1-37所示，可使选择的文本右对齐。

图1-36　设置居中对齐　　　　　　　　　图1-37　设置右对齐

（3）选择除标题和署名段落的其他文本内容，在"段落"组中单击右下方的"对话框启动器"按钮。

（4）打开"段落"对话框，单击"缩进和间距"选项卡。在"缩进"栏的"特殊格式"下拉列表框中选择"首行缩进"选项，在"缩进值"数值框中输入"2字符"，然后单击____按钮，如图1-38所示。

（5）设置段落首行缩进2个字符后的效果如图1-39所示。

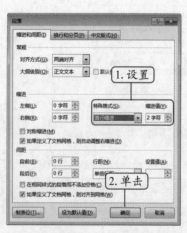

图1-38　利用"段落"对话框设置缩进

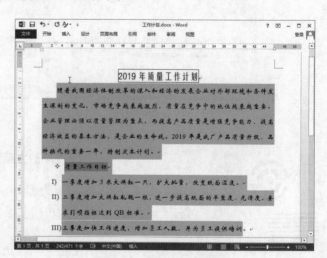

图1-39　查看首行缩进效果

（三）设置项目符号和编号

对于文档中分类或分步描述的内容，可为其设置项目符号和编号，从而使文档结构更加合理。下面为"工作计划.docx"文档添加项目符号和编号，其具体操作如下。

微课视频
设置项目符号和编号

（1）按【Ctrl】键，选择第2段和第7段文本，在【开始】/【段落】组中单击"项目符号"按钮 三▾ 右侧的下拉按钮 ⌄ ，在弹出列表中的"项目符号库"栏中选择"四角星"选项，如图1-40所示。

（2）选择第3~6段文本，在"段落"组中单击"编号"按钮 三▾ 右侧的下拉按钮 ⌄ ，在弹出的下拉列表中选择"定义新编号格式"选项，如图1-41所示。

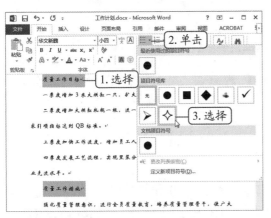

图1-40 添加项目符号

图1-41 选择"定义新编号格式"选项

（3）打开"定义新编号格式"对话框，在"编号样式"下拉列表框中选择需要的选项，单击 确定 按钮，如图1-42所示，效果如图1-43所示。

图1-42 设置编号

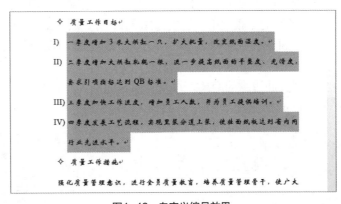

图1-43 自定义编号效果

（四）添加字符边框与底纹

添加字符边框与底纹可起到突出强调的作用，下面为"工作计划.docx"文档中的部分文本设置边框与底纹效果，其具体操作如下。

微课视频
添加字符边框与底纹

（1）选择标题文本，在【开始】/【字体】组中单击"字符边框"按钮 A ，添加边框后的效果如图1-44所示。

（2）选择第2段和第7段文本，在"字体"组中单击"字符底纹"按钮 A，为段落文本添加底纹，如图1-45所示。

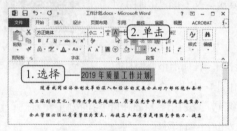
图1-44　添加字符边框

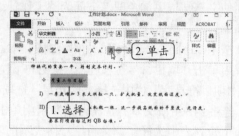
图1-45　添加字符底纹

选择更多底纹颜色

选择文本内容后，在【段落】组中单击"底纹"按钮 ，在弹出的列表中可选择更多的底纹颜色。

（五）设置页面布局

制作完成的文档可将其输出打印到纸张，打印前可先设置纸张大小、纸张方向以及页边距等布局选项。页面布局可通过【页面布局】/【页面设置】组，或"页面设置"对话框设置。下面将对"工作计划.docx"文档的页面布局进行设置，其具体操作如下。

微课视频

设置页面布局

（1）在"工作计划.docx"文档中，单击"页面布局"选项卡，在"页面设置"组中单击"纸张大小"按钮，在弹出的列表中显示了Word预置的纸张大小，这里选择"A4"选项，如图1-46所示。

（2）在"页面布局"组中单击右下方的"对话框启动器"按钮，打开"页面设置"对话框，单击"页边距"选项卡，在"页边距"栏中"上""下""左""右"数值框中输入文本到页面边缘的距离，可自定义页边距大小；在"纸张方向"栏中可设置纸张方向，如图1-47所示。

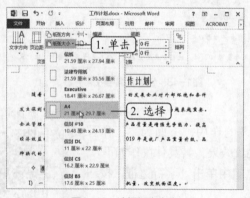
图1-46　选择纸张大小

图1-47　自定义页边距

（六）预览并打印文档

设置页面布局后，即可开始打印文档。在实际办公中，有的文档需要打印若干份，或存在多页内容只打印文档的部分页面，需要设置打印范围。下面在"工作计划.docx"文档中将打印份数设置为"3份"，其具体操作如下。

（1）选择【文件】/【打印】菜单命令，在右侧界面可以预览文档的打印效果。

（2）在"打印"栏的"份数"数值框中输入"3"，设置打印3份。

（3）在"打印机"栏的列表框中选择计算机连接的打印机选项，设置完成后，在"打印"栏中单击"打印"按钮🖶，即可开始打印文档，如图1-48所示。

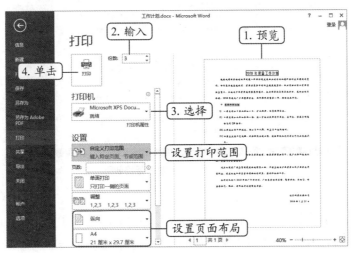

图1-48 预览并打印文档

设置打印范围

在"设置"栏的第1个列表框中，选择"打印自定义范围"选项，然后在下方的"页数"文本框中可定义打印页面范围，输入"2-9"表示打印第2页至第9页；输入"2,9"表示打印第2页和第9页；选择"打印当前页面"选项则可打印文档的当前页面。

实训一　制作"工作总结"文档

【实训要求】

制作"工作总结.docx"文档，要求输入工作总结的相关文本内容，并设置字符和段落的格式，使工作总结的内容层次分明，条理清晰。本实训的最终效果如图1-49所示。

微课视频

制作"工作总结"文档

素材所在位置	素材文件\无
效果所在位置	效果文件\项目一\实训一\工作总结.docx

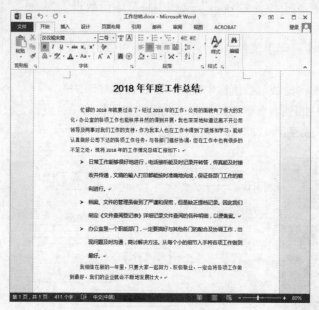

图1-49　　"工作总结"最终效果

【专业背景】

工作总结是一种应用文格式，其目的是回顾一段时间的工作状况，并对其工作经验和教训做出归纳分析评价，从而提出对未来工作的展望。创建工作总结应注意实事求是，还要注意使用第一人称。工作总结的正文一般分为以下3部分。

- **情况回顾：**这是总结的开头部分，叫前言或小引，用来交代总结的缘由，或对总结的内容、范围、目的做限定，对所做的工作或过程做扼要的概述、评估。这部分文字篇幅不宜过长，只做概括说明，不展开分析、评议。

- **经验体会：**这部分是总结的主体，在第一部分概述情况之后展开分述。有的用小标题分别阐明成绩与问题、做法与体会或成绩与缺点。如果不是这样，就无法让人抓住要领。专题性的总结，也可以提炼出几条经验，以达到醒目、明了的效果。

- **今后展望：**这是总结的结尾部分，是在上一部分总结出经验教训之后，根据已经取得的成绩和新任务的要求，提出今后的设想和打算，成为新一年制定计划的依据。内容包括应如何发扬成绩、克服存在问题及明确今后的努力方向。

【实训思路】

完成本实训需要先构思文本内容，再进行文本的输入与编辑。操作时步骤分明，首先新建和保存文档，然后输入文本并检查文本有无错误，最后设置文本和段落的格式，并添加项目符号。

【步骤提示】

（1）启动Word 2013，新建文档并将其以"工作总结"为名进行保存。

（2）将标题文本的格式设置为"汉仪粗宋简、二号、加粗、居中"。

（3）将正文文本设置为"首行缩进、1.5 倍行距"。

（4）将总结汇报段落的字体设置为"微软雅黑"，然后为其添加▷项目符号。

实训二　编辑并打印"招标公告"

【实训要求】

微课视频

编辑并打印"招标公告"

本实训要求通过掌握普通类文档的编辑与美化方法，来编辑和打印"招标公告.docx"文档，其中包括替换文本、移动文本，设置文本的字体和段落格式，在文档中添加编号，以及打印文档的操作。本实训的最终效果如图1-50所示。

素材所在位置　素材文件\项目一\实训二\招标公告.docx

效果所在位置　效果文件\项目一\实训二\招标公告.docx

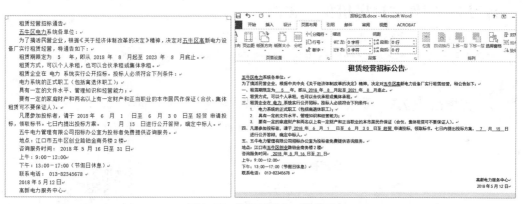

图1-50　"招标公告"对比效果

【专业背景】

招标公告是指招标单位或招标人在进行科学研究、技术攻关、工程建设、合作经营或商品交易时，公布的一系列标准和条件，提出价格和要求等项目内容，以期从中选择承包单位或承包人的一种文书。

- **公开性**：这是由招标的性质决定的。因为招标本身是横向联系的经济活动，凡是招标者需要知道的内容，诸如招标时间、招标要求、注意事项，都应在招标公告中予以公开说明。

- **紧迫性**：因为招标单位和招标者只有在遇到难以完成的任务和亟待解决的问题时，才需要外界协助，而且要在短期内尽快解决，如果拖延时间过长，势必影响工作顺利完成，这就决定了招标公告具有紧迫性的特点。

另外，招标公告通常由标题、标号、正文和落款四部分组成。因为招标公告是公开招标时发布的一种周知性文书，因此需要公布招标单位、招标项目、招标时间、招标步骤及联系方法等内容，以吸引投资者参加投标。

【实训思路】

完成本实训首先替换"通告"文本内容，将落款日期移动到署名上方；然后更改标题、正文的字体与段落格式，并为相关的日期和时间等内容添加下画线；接着设置文档编号；最后设置页面布局，预览效果后打印文档。

【步骤提示】

（1）将"通告"文本替换为"公告"文本内容，将落款日期移动到落款署名上方。

（2）将正文设置为"黑体"，将标题设置为"小二、居中、加粗"，将落款设置为右对齐。

（3）依次为相关的日期和时间等特殊内容添加下画线。

（4）为公告正文内容添加编号。

（5）为公告中"投标人符合条件"的内容添加下一级编号，并在【开始】/【段落】组中单击"增加缩进量"按钮 ，增加文本缩进量。

（6）设置纸张方向为"横向"，然后以A4纸张大小打印输出文档。

课后练习

练习1：制作"厂房招租"文档

下面将创建"厂房招租.docx"文档，首先输入文本内容，设置标题和署名，再设置段落首行缩进，最后为厂房条件添加项目符号，使其层次清晰。完成后的效果如图1-51所示。

 效果所在位置 效果文件\项目一\课后练习\厂房招租.docx

图1-51 "厂房招租"文档效果

操作要求如下。

● 快速新建空白文档，并输入文本内容。

● 设置标题文本的字体为"汉仪粗宋简、二号、加粗"，段落为"居中"，正文内容字体格式为"四号"，正文段落格式为"首行缩进"，最后三行段落为"右对齐"。

● 为相应的文本内容设置项目符号"✓"。

练习2：编辑"培训流程"文档

下面将打开"培训流程.docx"素材文档，对文档进行编辑操作，如设置字体格式、段落格式等。效果如图1-52所示。

素材所在位置 素材文件\项目一\课后练习\培训流程.docx

效果所在位置 效果文件\项目一\课后练习\培训流程.docx

图1-52 "培训流程"对比效果

操作要求如下。

● 选择标题文本"培训流程"，将其字体格式设置为"宋体、二号、加粗、居中"。

● 选择所有小标题文本，将其字体格式设置为"宋体、五号、倾斜"。

● 选择正文文本，在"段落"对话框的"缩进和间距"选项卡中设置"首行缩进"。

● 同时选择小标题文本，打开"项目符号和编号"对话框的"编号"选项卡，设置为第1行第2个选项的编号。

● 选择正文第1行中的"（附件九）"、正文第15和16行的"（附表十）"和"（附表十一）"文本，将其字体格式设置为"加粗、蓝色"。

● 段落间距设置为"1.5倍"。

技巧提升

1.输入10以上的带圈数字

带圈数字即数字在圆圈内，一般用于排序和罗列项目。在实际办公和编辑文档时，常会输入带圈数字，可通过"符号"对话框插入"1~10"的带圈数字，若是输入10以外的带圈数字，则可通过"带圈字符"功能输入。打开"带圈字符"对话框，选择"缩小文字"样式，在"文字"栏下方的文本框中输入"11"，单击 确定 按钮，如图1-53所示。

2. 将数字改写为中文大写汉字

Word提供了一种简单快速的方法，可将输入的阿拉伯数字快速转换为中文大写汉字。选择文档中需要转换的阿拉伯数字，在【插入】/【符号】组中，单击编号按钮，打开"编号"对话框。在"编号类型"列表框中选择"壹，贰，叁…"选项，单击 确定 按钮即可将所选数字转换为中文大写汉字，如图1-54所示。

图1-53　输入10以上的带圈数字

图1-54　将数字改写为中文大写汉字

3. 清除文本或段落中的格式

选择已设置格式的文本或段落，在【开始】/【字体】组中单击"清除格式"按钮，即可清除选择文本或段落的格式。

4. 使用格式刷复制格式

选择带有格式的文字后，在【开始】/【剪贴板】组中单击"格式刷"按钮可复制一次格式；双击"格式刷"按钮可复制多次格式，且完成后需再次单击"格式刷"按钮取消格式刷状态。另外，在复制格式时，若包含了段落标记，将会复制该段落中的文字和段落格式到目标文字段落中；若只选择了文字，则只将文字格式复制到目标文字段落中。

5. 复制不带任何格式的文本

先复制文本，在【开始】/【剪贴板】组中单击"粘贴"按钮下方的下拉按钮，在弹出的下拉列表中选择"选择性粘贴"选项，在打开的"选择性粘贴"对话框的"形式"列表框中选择"无格式文本"选项，单击 确定 按钮即可。若只需复制并应用格式，可先选择文本，按【Ctrl+Shift+C】组合键，再选择需应用格式的文本，按【Ctrl+Shift+V】组合键应用格式。

PART 2

项目二
文档图文混排

情景导入

米拉：老洪，这周上级要求除了要美化"员工生日会活动方案"，还要制作"企业组织结构图"和"面试登记表"，可麻烦了。

老洪：不用担心，这些都属于文档图文混排的相关应用。

米拉：那我应该怎么做呢？

老洪：只需要在文档中添加图片、文本框、艺术字、表格等元素，再进行编辑设计即可。制作企业组织结构图，可使用SmartArt图形快速实现。

学习目标

- 熟练掌握图片、艺术字和文本框的应用
- 掌握SmartArt图形的创建和布局调整的操作
- 掌握创建和编辑表格的方法

技能目标

- 美化"员工生日会活动方案"文档
- 制作"企业组织结构图"
- 制作"面试登记表"

任务一　美化"员工生日会活动方案"文档

米拉知道，"员工生日会活动方案"涉及公司的企业文化，体现了公司以人为本的企业精神，在制作时马虎不得。因此米拉先请教了老洪，关于图片、艺术字和文本框的基础操作，再开始"员工生日会活动方案"文档的美化工作。

一、任务目标

本任务将使用Word 2013美化"员工生日会活动方案"文档，通过插入与编辑图片、艺术字和文本框，使内容充实丰满、页面美观，图片和颜色选用鲜艳、喜庆的类型，能够体现员工生日会的主题。本任务制作完成后的前后对比效果如图2-1所示。

通过本任务的学习，可掌握Word 2013中插入与编辑图片、艺术字和文本框的操作方法，并进行美化编辑。

素材所在位置	素材文件\项目二\任务一\活动方案.docx、背景图片.jpg
效果所在位置	效果文件\项目二\任务一\活动方案.docx

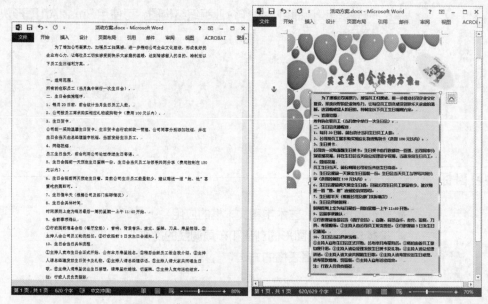

图2-1　"员工生日会活动方案"文档的对比效果

职业素养

活动方案的书写规则

活动方案是指为某一次活动所制定的书面计划、具体行动实施办法细则和步骤等。对具体将要进行的活动进行书面的计划，对每个步骤进行详细分析，以确保活动顺利进行。方案的内容主要包含活动标题、活动时间、活动的目的及意义、活动参加人员、具体负责组织人员、活动内容概述、活动过程的实施等。

二、相关知识

图片是丰富、美化 Word 文档的重头戏，甚至在有的场合，为了直观表达文档内容，图片更成为必不可少的元素，因此读者应该掌握获取图片的方法。同时，在美化文档时，要注意字体的使用与搭配。

（一）保存网络图片

对于网络中的一些漂亮图片，可以下载保存到计算机中，从而将这些图片插入文档中，以增强文档的美观度。启动浏览器，搜索图片，在需要保存的图片上单击鼠标右键，在弹出的快捷菜单中选择"图片另存为"命令，将打开"另存为"对话框，在其中设置保存图片的位置，并输入保存图片的名称，单击 保存(S) 按钮即可将图片保存到计算机中，如图2-2所示。

图2-2　保存网络图片

（二）美化文档时的字体搭配

美化文档时，经常用到图片、艺术字和文本框等元素。需要注意的是，文本框内文本和正文文本字体的选择应与艺术字样式和其他图片内容搭配合适。结合活动方案文档主题，字体可选择圆润、厚重的字体，一般不选择"宋体""楷体"这类较为规矩的字体。

三、任务实施

（一）插入本地图片

插入本地图片是最常用的一种方法，通常用户可通过其他途径，如从网络中下载并将图片保存到自己的计算机中，再插入文档。下面在"活动方案.docx"文档中插入保存在计算机中的本地图片，其具体操作如下。

微课视频

插入本地图片

（1）打开"活动方案.docx"文档，将鼠标光标定位到需要插入图片的位置。在【插入】/【插图】组中单击"图片"按钮 ，如图2-3所示。

（2）打开"插入图片"对话框，在地址栏选择图片保存的位置，然后选择需要插入的图片，单击 插入(S) 按钮，如图2-4所示，可将图片插入鼠标光标的位置。

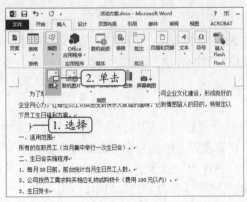

图2-3　执行插入操作

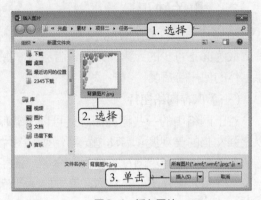

图2-4　插入图片

快速插入图片等对象

在Office中插入图片等对象时，在打开的插入对话框中可直接双击图片文件进行快速插入。

（二）插入联机图片

Office 官网提供了大量的图片，用户可以在连网的情况下精确地搜索到优质的图片，并将其插入文档。下面将继续在"活动方案.docx"文档中插入联机图片，其具体操作如下。

（1）将鼠标光标定位到需要插入图片的位置，在【插入】/【插图】组中单击"联机图片"按钮，打开"插入图片"对话框，在文本框中输入需要的图片类别，如"生日"，然后单击右侧的"搜索"按钮，如图2-5所示。

（2）连网状态下，系统将自动搜索出与关键字相关的图片，选择需要的图片，单击插入(S)按钮，如图2-6所示。

微课视频

插入联机图片

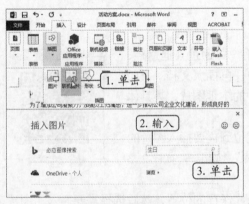

图2-5　搜索图片

图2-6　插入联机图片

（3）系统开始下载图片，完成后将自动插入文档中的光标处，如图2-7所示。

不能下载联机图片的原因

通过联机插入图片，在搜索出来的图片中，有些因为版权的问题，不一定能下载成功，此时可以通过修改搜索关键字重新搜索相关能提供下载的图片。

图2-7 查看插入联机图片效果

（三）编辑图片

将图片插入文档后，为了让图片与文档更好地结合在一起，就需要对插入的图片进行一系列编辑操作，如设置图片环绕方式、调整图片大小和位置，以及设置图片样式等。下面在"活动方案.docx"文档中，对插入的图片进行编辑，其具体操作如下。

微课视频

编辑图片

（1）选择插入的联机图片，在【格式】/【排列】组中单击"自动换行"按钮，在弹出的列表中选择"浮于文字上方"选项，如图2-8所示，使图片浮于文字上方。

（2）将鼠标指针移动到图片左下角的控制点上，当鼠标指针变成形状时，按住鼠标左键不放并向右上方拖动鼠标，如图2-9所示，拖动到一定位置后释放鼠标，将图片缩小到一定程度。

图2-8 设置环绕方式

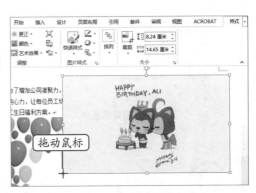

图2-9 调整图片大小

设置图片的具体大小值

在Word中可以通过图片上的控制点来调整图片的大小，如果要设置图片的具体宽度和高度，则可以选择图片，在【图片工具 格式】/【大小】组中的"高度"和"宽度"数值框中输入图片的宽度和高度数值。

（3）保持图片的选中状态，在【格式】/【图片样式】组中单击"快速样式"按钮，在弹出的列表中选择"柔化边缘椭圆"选项，为图片设置外观样式，如图2-10所示。

（4）将鼠标移动到图片上方中间的旋转柄上，按住鼠标左键不放，拖动鼠标将图片旋转到一定的方向，如图2-11所示。

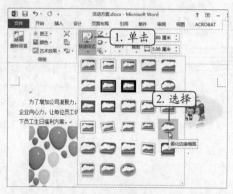

图2-10　设置图片样式

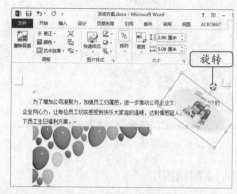

图2-11　旋转图片

（5）选择前面插入的背景图片，将其宽度设置为与文档宽度一致，并设置为"衬于文字下方"，并将图片拖动到文档顶端位置，如图2-12所示。

（6）调整背景图片后，选中插入的联机图片，将鼠标移动到图片上，按住鼠标左键不放，向右下角拖动，适当调整图片的位置，如图2-13所示，完成图片的编辑。

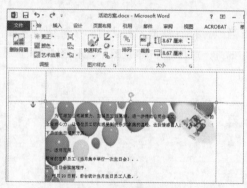

图2-12　设置背景图片

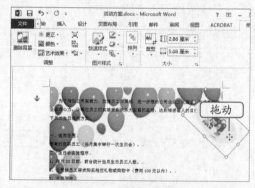

图2-13　调整图片位置

操作提示

使用绿色参考线

文档页边绿色参考线是Word 2013新增的功能，能帮助用户在调整图片时，很好地进行对齐操作。

（四）使用艺术字设置文档标题

艺术字是指在Word文档中经过特殊处理的文字。在Word文档中使用艺术字，可使文档呈现出不同的效果。使用艺术字后还可以对其进行编辑，使其达到更加醒目、美观的效果。

下面在"活动方案.docx"文档中，插入艺术字并输入标题文本，然后设置艺术字效果，其具体操作如下。

（1）在【插入】/【文本】组中单击"艺术字"按钮 **A**，在弹出的列表中选择一种艺术字样式，如图2-14所示。

（2）文档中将插入一个艺术字文本框，选择文本框中的文本并将其删除，然后在其中输入"员工生日会活动方案"文本，完成艺术字的插入，如图2-15所示。

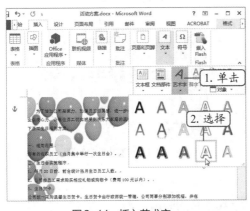

图2-14　插入艺术字

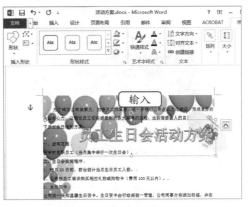

图2-15　输入艺术字文本内容

知识补充

将现有的文本转换为艺术字

如果在文档中已存在要创建的艺术字的文本，则可以直接选择文本，然后在【插入】/【文本】组中单击"艺术字"按钮 **A**，在弹出的列表中选择一种艺术字样式，即可将现有的文本转换为艺术字。

（3）选择艺术字中的文本，在【开始】/【字体】组中为文本设置"方正舒体，二号"字体格式，如图2-16所示。

（4）在【格式】/【艺术字样式】组中单击"文字效果"按钮 **A**，在弹出的列表中选择"转换/正三角"选项，如图2-17所示。

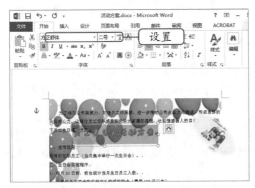

图2-16　设置艺术字字体格式

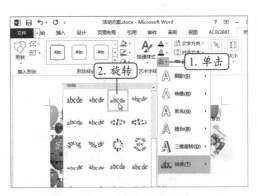

图2-17　设置艺术字文字效果

（5）在【格式】/【艺术字样式】组中单击"文本填充"按钮$\underline{A}$，在弹出的列表中选择"红色"选项，如图2-18所示。

（6）将鼠标移动到艺术字上，按住鼠标左键不放，将其移动到文档的合适位置，如图2-19所示，完成艺术字设置。

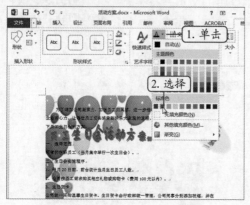

图2-18　设置艺术字文本填充颜色

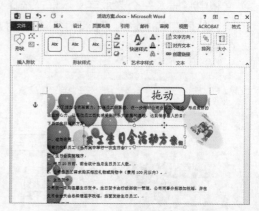

图2-19　调整艺术字位置

艺术字和图片的联系

艺术字除了可以在其中输入文本并进行设置以外，还具有和图片相似的属性，即可以像图片一样对艺术字进行样式设置、调整大小、移动位置、旋转方向等设置。

（五）插入与编辑文本框

使用文本框可在页面任何位置输入需要的文本或插入图片，且其他插入的对象不影响文本框中的文本或图片，具有很大的灵活性。因此，在使用Word 2013制作页面元素比较多的文档时，会常使用到文本框。下面将在"活动方案.docx"文档中，插入横排文本框，并调整其大小、位置以及格式效果等，其具体操作如下。

微课视频

插入与编辑文本框

（1）为方便后面文本剪切操作，在插入文本框前，先按【Enter】键将文本向下移动，然后在【插入】/【文本】组单击"文本框"按钮，在弹出的列表中选择"绘制文本框"选项，如图2-20所示。

（2）将鼠标移至文档中，此时鼠标指针变成＋形状，在需要插入文本框的区域按住鼠标左键不放并拖动鼠标，如图2-21所示。拖动到合适大小后释放鼠标，即可在该区域插入一个横排文本框。

（3）将文档中的文本剪切粘贴到文本框后，将鼠标光标定位至文本框内，按【Ctrl+A】组合键选择所有文本，将字体设置为"华康雅宋体W9(P)"，字号为"五号"，并将文本行距设置为"最小值，12磅"，如图2-22所示。

（4）将鼠标移到文本框的边框上，拖动鼠标将文本框向右侧移动，然后调整文本框的大小，将文本框右侧与文本页面对齐，下方显示出全部文字内容，如图2-23所示。

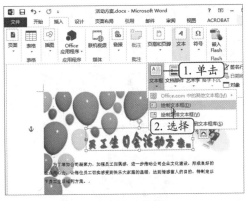

图2-20 选择文本框

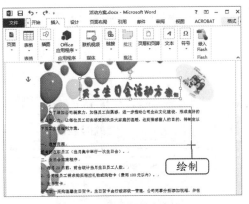

图2-21 绘制横排文本框

图2-22 设置字体

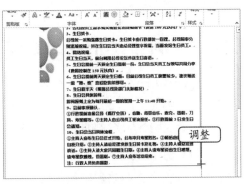

图2-23 调整文本框的大小和位置

（5）选择文本框，在【格式】/【形状样式】组中单击"形状填充"按钮 右侧的下拉-按钮，在弹出的列表中选择"金色，着色4，淡色80%"作为文本框背景颜色，如图2-24所示。

（6）在【格式】/【形状样式】组中单击"形状轮廓"按钮 右侧的下拉按钮，在弹出的列表中选择一种颜色作为文本框轮廓颜色，如图2-25所示。

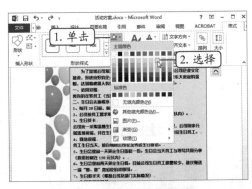

图2-24 设置文本框填充颜色

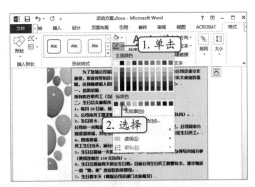

图2-25 设置文本框轮廓颜色

（7）在【格式】/【形状样式】组中单击"形状轮廓"按钮 右侧的下拉按钮，将轮廓粗细设置为"6磅"；将线条样式设置为"长划线"，如图2-26所示。

（8）在【格式】/【形状样式】组中单击"形状效果"按钮，在弹出的列表中选择"柔化边缘/5磅"选项，如图2-27所示。完成设置后，保存文档，完成本任务的制作。

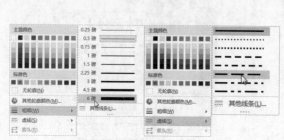

图2-26　设置轮廓线条粗细和样式

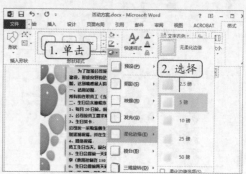

图2-27　设置文本框效果

任务二　制作"企业组织结构图"

米拉完成活动方案的美化工作后，认识到要制作"企业组织结构图"，只掌握图片、艺术字和文本框的应用还远远不够。老洪告诉米拉，制作组织架构或描述某些操作流程时，需要用到形状来表明各任务之间的关系，这就需要使用Word 2013的SmartArt图形来实现。

一、任务目标

本任务制作"企业组织结构图"，首先应该对企业的组织结构有所了解，才能够快速、准确地搭建组织结构图的框架，然后输入组织结构图的内容，最后对组织结构图进行美化编辑。本任务制作的"企业组织结构图"参考效果如图2-28所示。

通过本任务的学习，可掌握创建SmartArt图形、输入与编辑形状内的文本，以及设置SmartArt图形样式等操作。

效果所在位置　效果文件\项目二\任务二\企业组织结构图.docx

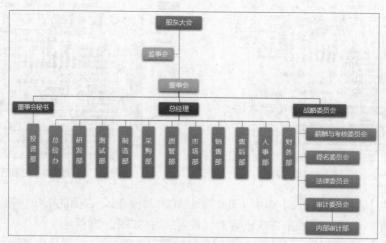

图2-28　"企业组织结构图"的参考效果

组织结构图的搭建

职业素养

　　组织结构图是组织架构的直观反映，是最常见的表现雇员、职称和群体关系的一种图表，它形象地反映了组织内各机构、岗位上下左右相互之间的关系。组织结构图是从上至下、可自动增加垂直方向层次的组织单元、图标列表形式展现的架构图，以图形形式直观地表现了组织单元之间的相互关联，并可通过组织架构图直接查看组织单元的详细信息，还可以查看与组织架构关联的职位、人员信息。

二、相关知识

　　插入SmartArt图形并输入基本内容后，可根据情况在激活的【SmartArt工具】/【设计】选项卡对应的功能区中进行设置，图2-29所示为激活的【SmartArt工具】/【设计】选项卡，其各组的作用介绍如下。

图2-29 【SmarArt工具】/【设计】选项卡对应的功能区

- ●"创建图形"组：单击 添加形状 按钮右侧的下拉按钮⋮，在弹出的列表中可选择对应的选项，在不同位置增加形状。在该组中单击相应按钮还可以移动各形状的位置、调整级别大小等。
- ●"布局"组：单击"更改布局"按钮⬚，在弹出的列表框中选择SmartArt图形布局样式，也可选择"其他布局"选项，打开"选择SmartArt图形"对话框，重新设置SmartArt图形的布局样式。
- ●"SmartArt样式"组：在其列表框中可选择三维效果等样式，单击"更改颜色"按钮⬚⬚，可以设置SmartArt图形的颜色效果。
- ●"重置"组：单击"重设图形"按钮⬚，放弃对SmartArt图形所做的全部格式更改。

三、任务实施

（一）插入SmartArt图形

　　在制作公司组织结构图、产品生产流程图、采购流程图等图形时，使用SmartArt图形能将各层次结构之间的关系清晰明了地表述出来。下面新建"企业组织结构图.docx"文档，并在其中插入SmartArt图形，其具体操作如下。

微课视频

插入SmartArt图形

（1）新建文档，并将其保存为"企业组织结构图.docx"。在【插入】/【插图】组中单击"SmartArt图形"按钮⬚，如图2-30所示。

（2）打开"选择SmartArt图形"对话框，在左侧的列表中选择"层次结构"选项，在中间的列表中选择需要的组织结构图，如"组织结构图"选项，单击 确定 按钮，如图2-31所示。

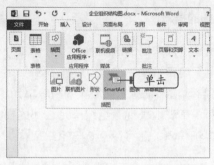

图2-30　单击"SmartArt图形"按钮

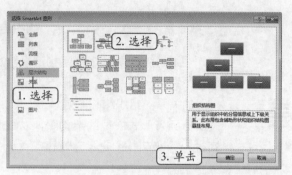

图2-31　选择组织结构图并插入

（二）调整SmartArt图形的布局

默认插入的SmartArt图形的形状数量和排列通常不符合实际需求，此时，就需要对SmartArt图形的布局进行调整，如删除或添加形状、更改排列方式等。下面在"企业组织结构图.docx"文档中，对插入的SmartArt图形进行布局调整，其具体操作如下。

微课视频

调整SmartArt
图形的布局

（1）按住【Shift】键不放，选择组织结构图中第3行左右两个文本框，如图2-32所示，按【Delete】键将其删除。

（2）选择第3行中的文本框，在【SMARTART工具】/【设计】/【创建图形】组中单击 添加形状 按钮右侧的下拉按钮，在弹出的下拉列表中选择"在下方添加形状"选项，如图2-33所示。

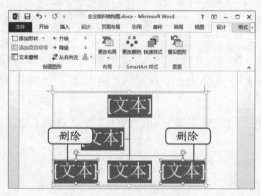

图2-32　删除形状

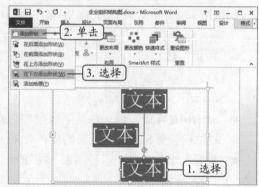

图2-33　在下方添加形状

操作提示

用鼠标右键添加形状

　　在SmartArt图形中选择某个形状，单击鼠标右键，在弹出的快捷菜单中选择"添加形状"命令，同样可在该形状前面、后面、上方和下方添加形状。选择"更改形状"命令则可更改形状样式。

（3）此时，在选择的形状下方添加了一个形状，如图2-34所示。用同样的方法选择第3行形状，再在其下方添加两个形状，效果如图2-35所示。

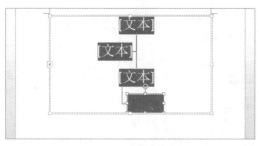

图2-34 添加的形状效果

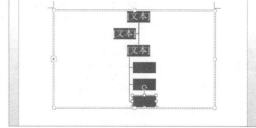

图2-35 添加其他两个形状

（4）选择第3行形状和其下方添加的3个形状，然后在【SMARTART工具】/【设计】/【创建图形】组中单击"组织结构图布局"按钮品▼，在弹出的列表中选择"标准"选项，将添加的3个文本框从垂直排列调整为水平排列，如图2-36所示。

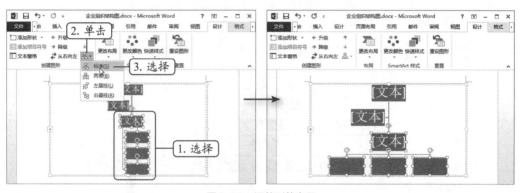

图2-36 调整形状布局

（5）选择第4行左侧的形状，在其下方添加一个形状，然后再选择第4行右侧的形状，在其下方添加4个形状，并将其组织结构图布局设置为"右悬挂"，效果如图2-37所示。

（6）选择第4行中间的形状，在其下方添加11个形状，再选择最后一行的形状，在其下方添加一个形状，效果如图2-38所示。

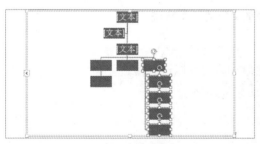

图2-37 添加形状并调整组织结构图布局

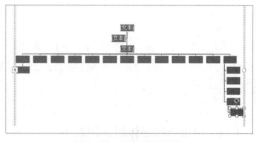

图2-38 添加其他形状

（三）输入文本

结构图的框架创建完成后，就可以在其中输入文本来说明结构图中每个形状所代表的含义。下面在"企业组织结构图.docx"文档中的形状中输入文本，其具体操作如下。

（1）在【SMARTART工具】/【设计】/【创建图形】组中单击"文本窗格"按钮品▼，如图2-39所示。

（2）打开"文本窗格"窗格，在结构图中选择第1行的形状，在文本窗格中自动选择相应的文本框，在其中输入"股东大会"文本，如图2-40所示。

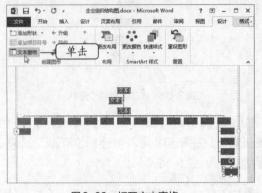
图2-39　打开文本窗格

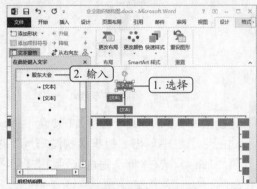
图2-40　输入文本

（3）依次选择其他文本框，通过文本窗格输入相关的文本，如图2-41所示。

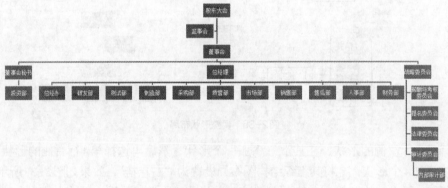
图2-41　输入其他文本

添加文字的其他方法

　　　选择形状，单击鼠标右键，在弹出的快捷菜单中选择"添加文字"选项，然后将鼠标光标定位到形状中，也可以进行输入文本操作。

（四）设置形状字体格式和大小

　　SmartArt图形中的字体格式是默认的，并且其中形状的大小是随着结构的不同自动进行调整的，在确认了图形的结构后，可以对其大小进行调整，让结构图显得更美观。下面在"企业组织结构图.docx"文档中，对SmartArt图形进行字体和大小的设置，其具体操作如下。

（1）在结构图上单击鼠标右键，在弹出的快捷菜单中选择"自动换行/浮与文字上方"选项，如图2-42所示。

微课视频

设置形状字体格式和大小

（2）选择结构图，将鼠标移动到结构图的外边框的右下角，按住鼠标左键不放向下拖动边框，调整结构图大小，如图2-43所示。

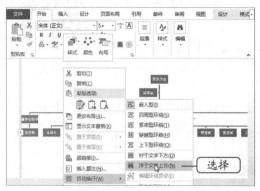

图2-42　将结构图浮与文字上方

图2-43　调整结构图的大小

（3）选择结构图第1行中的形状，在【开始】/【字体】组中设置字体格式为"方正中雅宋简体，10"，如图2-44所示。

（4）保持形状的选中状态，将鼠标移动到文本框右下角的控制点上，按住鼠标左键不放拖动鼠标，如图2-45所示。当文本框中的文本全部显示出来后释放鼠标，完成文本框大小的调整。

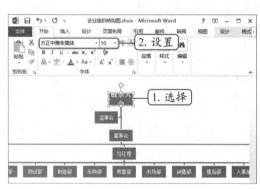

图2-44　设置字体格式

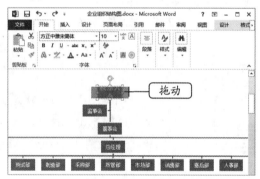

图2-45　调整形状大小

（5）选择其他文本框，设置相同的字体格式，并根据文本用同样的方法调整文本框的大小，效果如图2-46所示。

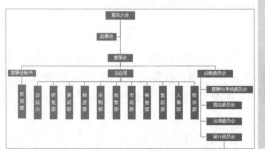

图2-46　设置其他形状字体和大小

同时设置多个形状的字体及大小

对于设置相同字体的形状，可按【Shift】键同时选择，然后再进行统一设置。对于要求大小相同的形状，可在【格式】/【大小】组中调整宽度和高度。

（五）设置SmartArt图形样式

微课视频

设置SmartArt
图形样式

创建SmartArt图形一般都是Word中默认的样式，可以根据自己的需要重新对图形设置相应的样式。下面在"企业组织结构图.docx"文档中对SmartArt图形设置图形样式，其具体操作如下。

（1）选择组织结构图，在【SMARTART工具】/【设计】/【SmartArt样式】组中单击"更改颜色"按钮，在弹出列表中选择一种颜色选项，如图2-47所示。

（2）在【SMARTART工具】/【设计】/【SmartArt样式】组中单击"快速样式"按钮，在弹出的列表中选择一种样式，如图2-48所示。设置完成后保存文档，完成本任务的制作。

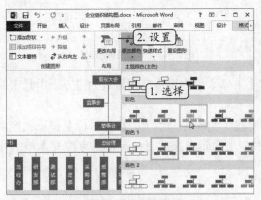

图2-47　选择图形颜色

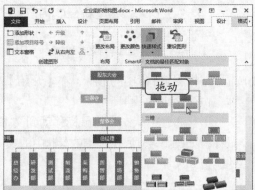

图2-48　设置图形样式

知识补充

调整结构的级别

　　在结构图中，各形状是至上而下逐级进行排列的，如果在创建时，某个结构的级别出现错误，可以在【SMARTART工具】/【设计】/【创建图形】组中单击 升级 或 降级 按钮进行调整。

任务三　制作"面试登记表"

　　米拉这下为难了，公司让米拉制作一份"面试登记表"，以便让前来面试的人员填写面试信息。老洪提醒米拉，制作表格可使用Word 2013的插入表格功能实现。

一、任务目标

　　本任务将打开素材文档，然后在其中插入空白表格，并依次输入"面试登记表"的文本信息，最后对表格进行编辑美化。为了使表格制作过程顺利，在制作前，可用笔绘制面试登记表的草图，然后根据草图搭建表格的框架，可提高制作效率。"面试登记表"参考效果如图2-49所示。

　　通过本任务的学习，掌握利用Word制作和美化表格的方法。

素材所在位置　素材文件\项目二\任务三\面试登记表.docx

效果所在位置　效果文件\项目二\任务三\面试登记表.docx

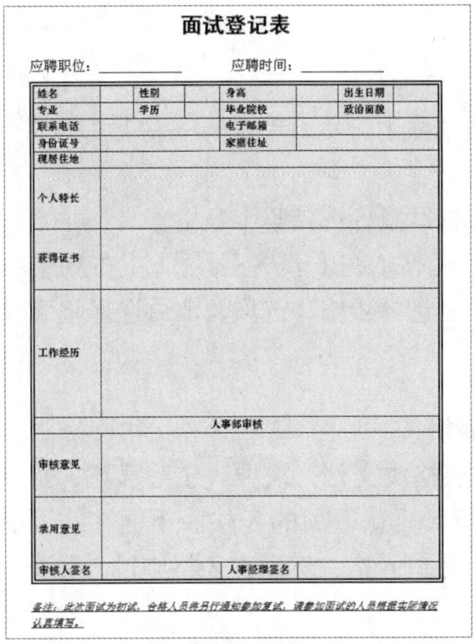

面试登记表

应聘职位：__________　　应聘时间：__________

姓名		性别		身高		出生日期	
专业		学历		毕业院校		政治面貌	
联系电话				电子邮箱			
身份证号				家庭住址			
现居住地							
个人特长							
获得证书							
工作经历							
人事部审核							
审核意见							
录用意见							
审核人签名				人事经理签名			

备注：此次面试为初试，合格人员将另行通知参加复试，请参加面试的人员根据实际情况认真填写。

图2-49 “面试登记表”的参考效果

职业素养

面试登记表应包含的内容

“面试登记表”是面试人员应聘时，填写的一份最基本的文书资料，其目的在于了解面试人员的基本情况。为了能够让用人单位从填写的信息中掌握该面试人员是否适合应聘的工作岗位，“面试登记表”除了包含面试人员的专业、学历、毕业院校等个人基本信息外，还应包括个人特长、所获证书和工作经历等信息。

二、相关知识

在文档中插入表格后，可对表格进行调整，调整表格前需要选择表格，在Word中选择表格分为以下3种情况。

（一）整行选择表格

整行选择表格主要有以下两种方法。

- 将鼠标移动至表格左侧，当鼠标指针呈↗形状时，单击可以选中整行；按住鼠标左键不放向上或向下拖动，则可以选择多行。
- 在需要选择的一行中单击任意单元格，在【表格工具】/【布局】/【表】组中单击“选择”按钮，在弹出的列表中选择“选择行”选项，即可选择该行。

（二）整列选择表格

整列选择表格主要有以下两种方法。

- 将鼠标移动到表格顶端，当鼠标指针呈↓形状时，单击可选中整列；按住鼠标左键不放向左或向右拖动，则可选中多列。
- 在需要选择的一列中单击任意单元格，在【表格工具】/【布局】/【表】组中单击 ↳ 选择▾按钮，在弹开的列表中选择"选择列"选项，即可选中该列。

（三）选择整个表格

选择整个表格主要有以下3种方法。

- 将鼠标移动到表格边框线上，然后单击表格左上角的"全部选中"按钮 ⊞，即可选择整个表格。
- 可以通过在表格内部拖动鼠标选择整个表格。
- 在表格内单击任意单元格，在【表格工具】/【布局】/【表】组中单击 ↳ 选择▾按钮，在弹出的列表中选择"选择表格"选项，即可选择整个表格。

三、任务实施

（一）通过对话框创建表格

要在 Word 2013 中制作表格类文档，需要先创建表格，通过"插入表格"对话框，可快速插入任意行列的表格。下面在"面试登记表.docx"文档中插入8列12行单元格，然后在表格中输入数据，其具体操作如下。

微课视频

通过对话框创建表格

（1）打开"面试登记表.docx"素材文档，在"备注"内容上方定位鼠标光标，单击"插入"选项卡，在"表格"组中单击"表格"按钮 ，在弹出的列表中选择"插入表格"选项。

（2）打开"插入表格"对话框，在"列数"和"行数"数值框中分别输入"8"和"12"，然后单击 确定 按钮，如图 2-50 所示。

（3）此时将插入8列12行的空白表格，且鼠标光标自动定位到第一个单元格中，直接输入所需内容即可，如图 2-51 所示。

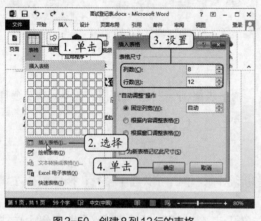

图 2-50　创建8列12行的表格

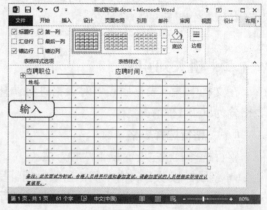

图 2-51　插入表格并输入第1个数据

（4）在其他单元格中单击鼠标，可将鼠标光标定位到该单元格内，然后输入其他相关数据内容，如图 2-52 所示。

图2-52 输入其他数据内容

快速插入8行10列表格

在【插入】/【表格】组中，单击"表格"按钮，在弹出的列表的"插入表格"栏中选择方格的数量，可以快速创建8行10列表格。同理，若选择8行6列的表格，将插入8行6列的表格。

（二）合并单元格

为了使表格整体看起来更直观，或者数据内容包含了多列或多行内容，可合并相应的单元格，即将多个相邻的单元格合并为一个单元格。下面将在插入表格的"面试登记表.docx"文档中进行合并单元格的操作，其具体操作如下。

微课视频

合并单元格

（1）拖动鼠标选择要合并的多个单元格。然后单击【布局】/【合并】组中的"合并单元格"按钮，如图2-53所示。

（2）返回文档，可查看将相邻的多个单元格合并为一个单元格后的效果，如图2-54所示。

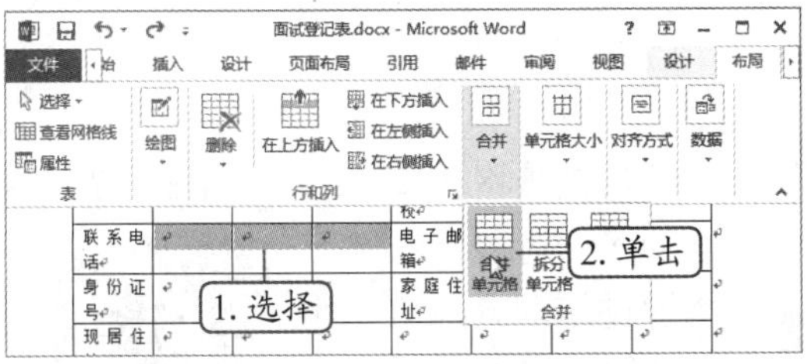

图2-53 单击"合并单元格"按钮 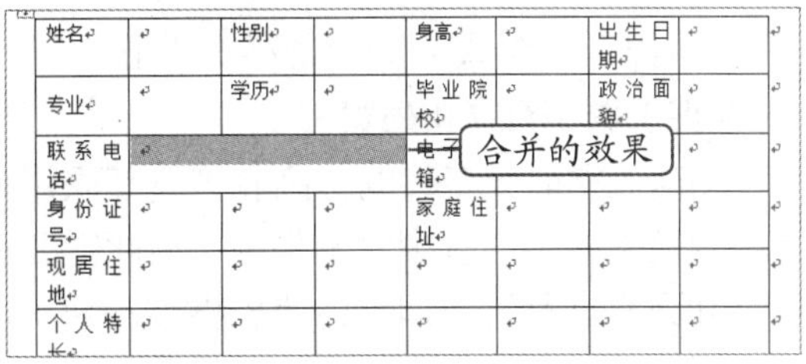　　　　图2-54 合并单元格后的效果

（3）使用相同方法合并其他需要合并的单元格，效果如图2-55所示。

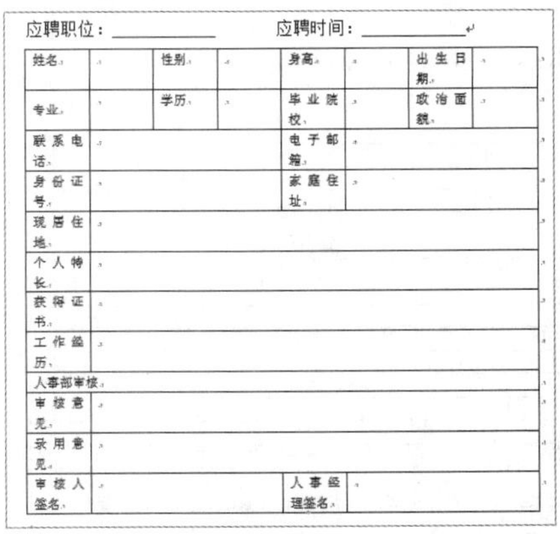

图2-55 合并其他单元格

将合并的单元格再拆分

选择合并后的单元格，在【布局】/【合并】组中单击"拆分单元格"按钮，打开"拆分单元格"对话框，在其中设置拆分后的行数和列数，可拆分该合并后的单元格。运用该方法同样也可拆分没有合并的单元格。

（三）设置数据字体和对齐方式

为了让制作的表格更加协调，用户需要对表格中的数据内容进行字体和对齐方式的设置，其方法与在文档中设置文本相似。其中字体样式可通过【开始】/【字体】组设置，而对齐方式可在【布局】/【对齐方式】组中设置。下面在"面试登记表.docx"文档中设置数据字体和对齐方式，其具体操作如下。

（1）将鼠标光标定位到第一个单元格中，拖动鼠标选择整个表格数据，在【开始】/【字体】组中将字体格式设置为"方正大标宋简体、五号"，如图2-56所示。

（2）选择【布局】/【对齐方式】组，单击"中部两端对齐"按钮，使文字垂直居中，并靠左侧对齐，如图2-57所示。

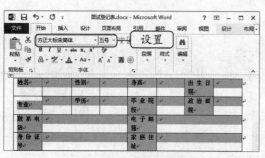

图2-56　设置字体格式　　　　　　　图2-57　设置对齐方式

（3）将鼠标光标定位到"人事部审核"单元格中，选择【布局】/【对齐方式】组，单击"水平居中"按钮，使文字水平居中。

（四）调整行高和列宽

创建表格时，表格的行高和列宽都采用默认值，而与在表格各单元格中输入内容的多少并不相关，因此需要根据内容的多少对表格的行高和列宽进行适当调整，使表格整齐划一。下面将通过拖动鼠标调整"面试登记表.docx"文档中表格的行高和列宽，其具体操作如下。

（1）将鼠标移动到"姓名"单元格右侧的垂直边框线上，当鼠标指针变成┧形状时，按住鼠标左键不放向右拖动，调整单元格的列宽，使单元格中的文本在一行中全部显示出来，如图2-58所示。

（2）使用相同方法，对"身高"单元格列的列宽进行调整，如图2-59所示。

图2-58　调整"姓名"单元格列列宽　　　　图2-59　调整"身高"单元格列列宽

设置行高和列宽的具体值

将鼠标光标定位到某行或某列单元格中，单击【布局】选项卡，在"单元格大小"组的"高度"或"宽度"数值框可输入行高或列宽的具体数值。

（3）将鼠标移到行单元格下方的边框线上，当鼠标指针变成╪形状时，按住鼠标左键不放向下拖动，调整单元格的行高，如图2-60所示。

（4）使用相同方法调整其他行高和列宽，最终效果如图2-61所示。

图2-60　调整行高

图2-61　调整行高与列宽后的最终效果

插入与删除行或列

插入行或列是指在原有的表格中插入新的行或列单元格，适用于添加新的数据内容；删除行或列与插入相反，是指删除原有表格中的行或列，适用于删除表格多余数据。在【布局】/【行和列】组中，单击对应的按钮，即可实现插入和删除操作。

（五）设置边框和底纹

表格创建和编辑完成后，还可以进一步美化表格，主要包括设置表格边框样式和底纹，这些都可以通过"设计"选项卡设置实现。下面在"面试登记表.docx"文档中为整个表格设置边框和底纹效果，其具体操作如下。

微课视频

设置边框和底纹

（1）选择整个表格，在【设计】/【边框】组中单击"边框样式"按钮 边框样式▼，在弹出的列表中选择"双实线"线条样式，如图2-62所示。

（2）在设置线条粗细的下拉列表框中将线条粗细值设置为"1.5磅"，如图2-63所示。

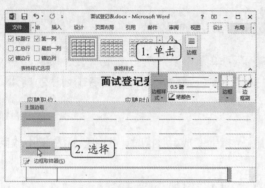

图2-62 设置边框线条样式

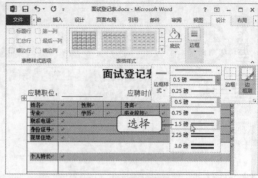

图2-63 设置边框线条粗细

（3）在【设计】/【边框】组中单击"边框"按钮下方的下拉按钮，在弹出的下拉列表中选择"外侧边框"选项，为外侧边框设置双实线样式，如图2-64所示。

（4）在【设计】/【表格样式】组中单击"底纹"按钮下方的下拉按钮，在弹出的下拉列表中选择"白色，背景1，深色5%"选项，如图2-65所示。

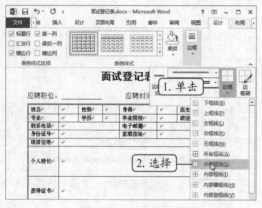

图2-64 添加外边框

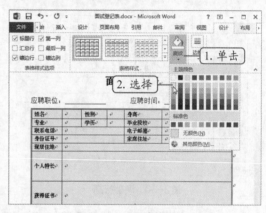

图2-65 设置表格底纹

套用表格样式

　　选中表格后，在【设计】/【表格样式】组的列表框中，可直接选择并套用Word 2013内置的表格样式，这些内置的表格样式包含了字体样式、对齐方式、边框和底纹的设置。

实训一　美化"展会宣传单"文档

【实训要求】

　　本实训要求使用艺术字、图片和表格等元素，对提供的"展会宣传单"素材文档进行美化，在美化"展会宣传单"时，首先需要知道展会的主题是什么，确定宣传单的整体背景基调，如此次展会宣传单是"环保"主题，那么在选择背景图片时可使用自然元素，如植物、

微课视频

美化"展会宣传单"文档

绿色等，然后添加一些必要的元素，并对文档进行布局。参考效果如图2-66所示。

素材所在位置 素材文件\项目二\实训一\展会宣传单.docx、背景.jpg、插图.jpg
效果所在位置 效果文件\项目二\实训一\展会宣传单.docx

图2-66 "展会宣传单"文档最终效果

【专业背景】

宣传单以扩大影响为目的，是展示给大众的宣传文档。因此需要保证宣传单的内容调理清晰、主题明确、页面美观。利用Word制作宣传单时，通常需要借助图片、文本框和艺术字等对象来进行页面布局，达到主题和内容突出的特点。图片的使用要与表达的内容相关，如宣传单宣传的内容是日常用品，那么图片就需要是日常用品，颜色不宜太鲜艳；宣传的内容是家具，那么图片可以是沙发、桌椅等，颜色可以表达古朴、厚实等。

【实训思路】

完成本实训，主要通过图片、艺术字和表格来美化文档，首先在文档中插入并设置图片，然后添加艺术字，最后创建和编辑表格，在实际美化过程中可按照任意顺序进行。

【步骤提示】

（1）打开素材文档，插入"背景.jpg"图片，设置为"衬于文字下方"，调整大小、位置和颜色饱和度。

（2）插入"插图.jpg"图片，将其浮于文字上方，旋转图片和调整大小后，将其设置为"映像圆角矩形"图片样式。

（3）绘制横排文本框，输入标题文本，然后设置阴影和映像效果。

（4）插入"节能环保，从我做起！"艺术字，并设置为竖排显示。

（5）使用表格将数据内容归纳展示。

实训二 制作"个人简历"表格

【实训要求】

本实训要求使用Word 2013创建表格，并制作"个人简历"。个人简历要求列出求职者的基本信息、自我评价、工作经历、学习经历、求职愿望等信息，并且表格排列要整齐、美观。本任务制作完成后的最终效果如图2-67所示。

素材所在位置	素材文件\无
效果所在位置	效果文件\项目二\实训二\个人简历.docx

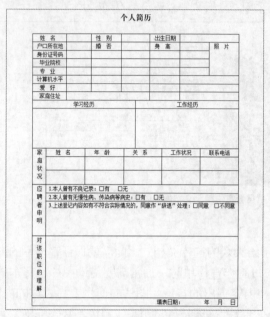

微课视频

制作"个人简历"表格

图2-67　"个人简历"最终效果

【专业背景】

　　个人简历是求职者给招聘企业或单位填写的一份自我简介，主要通过网络发送、邮寄、现场填写等方式提交给招聘企业或单位。个人简历主要包含求职者的各项自我信息，其中以简洁、重点、明确为最佳标准。

【实训思路】

　　在制作时先设置标题，再创建表格，并调整表格框架，最后输入和设置相关文本格式。

【步骤提示】

（1）新建"个人简历.docx"文档，输入并设置标题后插入"7列14行"表格。

（2）对单元格进行合并操作，然后输入数据内容，并设置文本格式和对齐方式。

（3）调整表格行高与列宽，使表格整齐划一。

课后练习

练习1：美化"公司简介"文档

　　下面将美化"公司简介"文档，"公司简介"用于介绍公司的现状、规模和经营状况等信息，类似于公司名片。在制作时，着重进行美化和页面布局，如插入艺术字和图片等对象，效果如图2-68所示。

微课视频

美化"公司简介"文档

素材所在位置	素材文件\项目二\课后练习\公司简介、1.jpg、2.jpg、3.jpg、4.jpg、5.jpg、6.jpg
效果所在位置	效果文件\项目二\课后练习\公司简介.docx

图2-68 "公司简介"文档效果

操作要求如下。

- 在标题位置插入艺术字"公司简介",字体格式为"汉仪哈哈体简、小初",样式为"渐变填充-蓝色,强调文字颜色1,轮廓-白色,发光,强调文字颜色2"。
- 在"公司理念"第一段文字下插入"1.jpg""2.jpg""3.jpg"图片,在第2段文字下依次插入素材图片"4.jpg""5.jpg""6.jpg",设置为"浮于文字上方",裁剪不需要的图片部分,应用"简单框架,白色"图片样式。

练习2:制作"产品简介表"文档

下面将新建"产品简介表.docx"文档,并在文档中进行表格的创建、编辑和美化操作。效果如图2-69所示。

效果所在位置 效果文件\项目二\课后练习\产品简介表.docx

美丽护肤系列				
货号	产品名称	功效	净含量	包装规格
DC001	水润保湿洁面乳	内含活性提取物,在深层洁净肌肤的同时,补充肌肤所缺水分,使肌肤倍感滋润,富于弹性。	100g	72 支/件
DC002	控油洁面者喱	含多种天然植物精华,депт入肌肤,彻底清除面部污垢,平衡肌肤 PH 值,抑制油脂分泌过盛,减少暗疮滋生!	100g	72 支/件
DC003	柔白亮颜洁面乳	含丰富维他命及植物精华、清除残留化妆品和尘垢的同时,充分滋润肌肤,美白亮肤,光彩动人。	100g	72 支/件
DC004	补水轻雾	含矿物精华,及时补充皮肤所需养分,持久呵护、自然亮丽。	60g	72 支/件

图2-69 "产品简介表"的效果

微课视频

制作"产品简介表"文档

操作要求如下。

- 创建8行5列的表格，在其中输入相应文本，并设置字体格式。
- 对单元格进行合并和拆分操作，并调整单元格行高和列宽。
- 为表格设置表格样式。

技巧提升

1. 删除图像背景

在编辑图片的过程中，若不需要图片中的背景，可通过"删除背景"功能对图片进行处理。其方法为：选择所需图片，在【格式】/【调整】组中单击"删除背景"按钮，进入"背景消除"编辑状态，此时出现图形控制框，用于调节图像范围，需保留的图像区域呈高亮显示，需删除的图像区域则被紫色覆盖。单击"标记要保留的区域"按钮，当鼠标指针变为形状时，单击要保留的图像使其呈高亮显示，单击"保留更改"按钮即可删除图像背景。

2. 将图片裁剪为形状

在文档中插入图片后，若要将图片更改为其他形状，让图片与文档配合得更加完美，可以选择要裁剪的图片，然后在【格式】/【大小】组中单击"裁剪"按钮下方的下拉按钮，在弹出的下拉列表中选择"裁剪为形状"选项，再在弹出的子列表中选择需要裁剪的形状即可，图2-70所示为裁剪前后的对比效果。

图2-70　将图片裁剪为形状对比效果

3. 将表格转换为文本

将表格转换为文本是指将表格中的文本内容按原来的顺序提取出来，以文本的方式显示，但会丢失一些特殊的格式。选择表格，在【布局】/【数据】组中单击"转换为文本"按钮，打开"表格转换成文本"对话框，选中"段落标记"单选项，单击"确定"按钮即可将表格转换为文本内容显示在文档中。

4. 设置页面背景

除了插入图片作为文档的背景外，还可以设置文档的背景来进行美化。单击【设计】/【页面背景】组中的"页面颜色"按钮，在弹出的列表的"主题颜色"或"标准色"栏中可设置文档纯色背景；选择"填充效果"选项，打开"填充效果"对话框，可为文档设置"渐变""纹理""图案"或"图片"背景。

PART 3

项目三
长文档编排与批量制作

老洪：米拉，"员工手册"素材文档收到了吗？

米拉：收到了。按照您提供的思路，正在设置样式，然后添加目录和封面，就完成编排工作了！

老洪：不错，这么快就掌握长文档的编排方法了。接下来，你要按照这份名单上的人员制作相关邀请函。

米拉：名单上这么多人，是要做一份邀请函，然后打印多份再写上客户的名称吗？

老洪：可以使用邮件合并功能批量制作呀，不用手写名称就可以轻松完成任务，还不容易出错。

学习目标

- 快速通过样式设置编排文档
- 添加页眉页脚、封面和目录，完善文档的制作
- 批量制作文档

技能目标

- 编排"员工手册"文档
- 批量制作邀请函

任务一　编排"员工手册"文档

　　米拉自从知道编排员工手册的任务落在自己的身上，就开始专心致志学习相关知识，一是员工手册的内容，如公司制度、员工标准、工作准则等；二是Word软件编排的内容，如样式的制作、提取目录、设置页眉页脚等，特别是样式和目录非常重要。米拉终于完成了文档的编辑，效果如图3-1所示。

一、任务目标

　　本任务将使用Word 2013编排"员工手册"文档，通过样式的应用和编辑、添加页眉和页脚、插入封面和目录，来完善长文档的编排。本任务制作完成后的最终效果如图3-1所示。

　　通过本任务的学习，可掌握封面、目录的制作，应用样式并编辑样式，以及页眉页脚和页码的设置与编辑，使用户能够完成长文档的编排与制作。

素材所在位置	素材文件\项目三\任务一\员工手册.docx、卡通城市.jpg
效果所在位置	效果文件\项目三\任务一\员工手册.docx

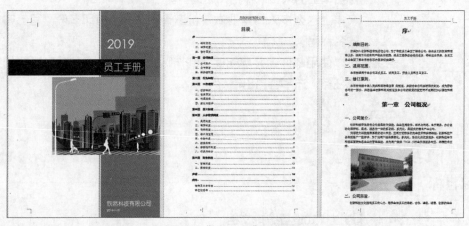

图3-1　"员工手册"最终效果

认识员工手册的作用

　　员工手册是员工的行动指南，它包含企业内部的人事制度管理规范、员工行为规范等。员工手册承载着传播企业形象、企业文化的功能。不同的公司，其员工手册的内容可能不相同，总体说来员工手册主要包含手册前言、公司简介、手册总则、培训开发、任职聘用、考核晋升、员工薪酬、员工福利、工作时间、行政管理等内容。

二、相关知识

（一）什么是样式和主题

样式即文本字体格式和段落格式设定的组合，其中包含文档标题、正文等各个文本元素的格式。在排版中应用样式可以提高工作效率，使用户只需设置一次样式即可将其应用到其他相同格式的所有文本中，减少重复的操作，高效快捷地制作高质量文档。

主题则是一种样式组合或者样式集，按照某种风格预先设计好的包含字体、颜色、间距、背景、段落等各种样式的组合。当需要对文档中的颜色、字体、格式、整体效果保持某一主题标准时，可将所需的主题应用于整个文档。

（二）样式的作用

对文档应用样式主要有以下作用。

- 使用样式可以使文档的格式更便于统一。
- 使用样式可以构筑大纲，使文档条理清晰，编辑和修改更简单。
- 使用样式可以用来生成目录。

三、任务实施

（一）插入封面

在编排如员工手册、报告、论文等长文档时，在文档的首页设置一个封面是不可或缺的。此时用户除了制作封面外，还可利用Word提供的封面库快速插入精美的封面。下面在"员工手册"文档中插入"运动型"封面，其具体操作如下。

微课视频

插入封面

（1）打开素材文档"员工手册.docx"，单击"插入"选项卡，在"页面"组中单击"封面"按钮，在弹出的列表中选择"运动型"命令，如图3-2所示。

（2）文档的第一页将插入封面，在文档标题、公司名称、选取日期模块中输入相应的文本。

（3）删除"作者"模块，然后选择公司名称模块中的内容，在"开始"选项卡的"字体"组中设置字号为"二号"，如图3-3所示。

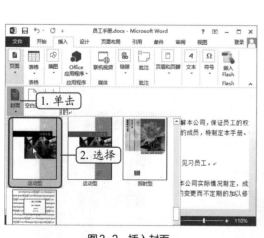

图3-2　插入封面

图3-3　设置内容字体格式

（4）选中封面中的图片，在【格式】/【调整】组中单击"更改图片"按钮。

（5）打开"插入图片"对话框，选择需要替换的图片，然后单击 插入(S) 按钮，如图3-4所示。

返回文档，可查看替换图片后的效果，如图3-5所示。

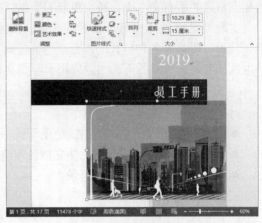

图3-4 选择替换的图片　　　　图3-5 替换图片效果

（二）快速应用主题与自带样式

Word提供了主题库和样式库，它们包含了预先设计的各种封面、主题和样式，使用起来非常方便。下面在"员工手册.docx"文档中应用"切片"主题，并应用"标题1"样式、"标题二"样式，其具体操作如下。

（1）单击"设计"选项卡，在"文档格式"组中单击"主题"按钮，在弹出的列表中选择"切片"选项，如图3-6所示。

（2）返回文档，文档中的封面和组织结构图的整体效果发生了改变，如图3-7所示。

通过主题无法改变字体等格式的原因

由于本文档中的文字全部都是正文，没有设置其他格式或样式，所以无法通过主题的形式快速改变整个文档的文字。下一小节将讲解在样式使用后，通过主题可快速改变通过样式设置的文档字体。

图3-6 选择主题　　　　图3-7 修改后的文档封面

Office 2013办公软件应用立体化教程（微课版）

修改主题效果

　　在"主题"组中单击"颜色"按钮■、"字体"按钮文、"效果"按钮◉，在弹出的列表中选择相应的选项，可分别更改当前主题的颜色、字体和效果。

（3）选择正文第一行"序"文本，或将鼠标光标定位到该行，单击"开始"选项卡，在"样式"组的列表框中选择"标题1"选项，如图3-8所示。

（4）用相同的方法在文档中为每一章的章标题、"声明"文本、"附件："文本应用样式"标题1"，效果如图3-9所示。

图3-8　选择样式

图3-9　应用样式的效果

（三）编辑与新建样式

　　在应用样式后，可对所应用的样式进行修改，调整样式的字体与段落等格式设置，使其更符合要求。用户也可新建样式，自定义字体和段落格式，以及设置快捷键等。下面将在"员工手册.docx"文档中修改"标题1"样式，并新建"二级标题"样式，其具体操作如下。

微课视频

编辑与新建样式

（1）将鼠标光标定位到任意一个使用"标题1"样式的段落中，系统自动选择"样式"组列表框中的"标题1"选项，在其上单击鼠标右键，在弹出的快捷菜单中选择"修改"命令，如图3-10所示。

（2）打开"修改样式"对话框，在"格式"栏中更改字体为"方正黑体简体"，单击 格式(O) 按钮，在弹出的列表中选择"段落"选项，如图3-11所示。

快速清除样式

　　将鼠标光标定位到任意一个使用样式的段落中，如"标题1"样式段落，系统自动选择"样式"组列表框中的"标题1"选项，在其上单击鼠标右键，在弹出的快捷菜单中选择"选择所有实例"命令。此时将选择所有应用"标题1"样式的文本标题，然后在"样式"组的列表框中选择"清除格式"选项，即可将选择的"标题1"的样式删除。

图3-10　执行修改操作

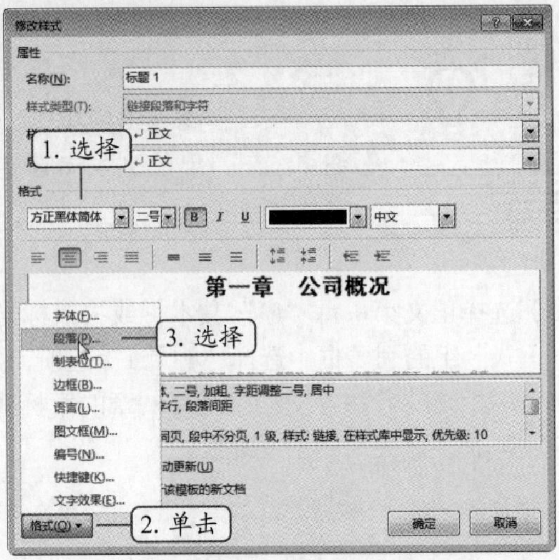

图3-11　设置段落

（3）打开"段落"对话框，在"间距"栏减小标题段前和段后的间距，单击 ▣确定 按钮，如图3-12所示。

（4）返回"修改样式"对话框，选中 ☑自动更新(U) 复选框，单击 ▣确定 按钮。返回文档，可看到文档中应用相同样式的段落格式已发生改变，如图3-13所示。

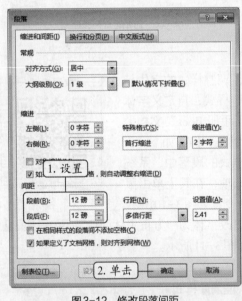

图3-12　修改段落间距

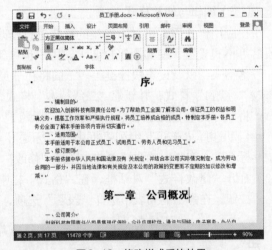

图3-13　修改样式后的效果

（5）将鼠标光标定位到"一、编制目的"二级标题文本段落，在"样式"的列表框中选择"创建样式"选项，打开"根据格式设置创建新样式"对话框，在"名称"文本框中输入新建样式的名称"章节标题二"，单击 修改(M) 按钮，如图3-14所示。

（6）打开"根据格式设置创建新样式"对话框，在"格式"栏中选择字体为"黑体"，字号为"小三"，其他保持默认不变。然后单击 格式(O)▾ 按钮，在弹出的列表中选择"段落"选项，如图3-15所示。

图3-14　设置新样式名称　　　　　图3-15　自定义二级标题字体格式

（7）打开"段落"对话框，在"常规"栏的"大纲级别"下拉列表框中选择"2级"选项。在"缩进"栏的"特殊格式"下拉列表框中选择"无"选项，单击 确定 按钮，如图3-16所示。

（8）返回"根据格式设置创建新样式"对话框，单击 格式(O)▼ 按钮，在弹出的列表中选择"快捷键"选项，打开"自定义键盘"对话框，在"请按新快捷键"对话框中按【Ctrl+2】组合键，然后单击 指定(A) 按钮，如图3-17所示，指定应用样式的快捷键。

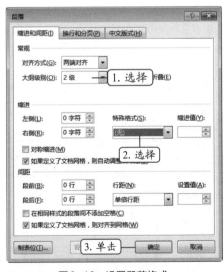

图3-16　设置段落格式

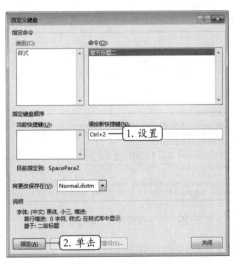

图3-17　设置快捷键

（9）关闭"自定义键盘"对话框，返回"根据格式设置创建新样式"对话框，单击 确定 按钮。返回文档可查看到"一、编制目的"应用了设置的样式，并且在样式库中显示了"章节标题二"标题样式，如图3-18所示。

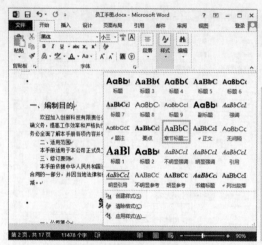

删除样式库中的样式

若要删除样式库中的样式，可在要删除的样式上单击鼠标右键，在弹出的快捷菜单中选择"从样式库中删除"命令即可。

图3-18　新建的样式和效果

（四）使用快捷键快速排版文档

为样式指定快捷键后，将鼠标光标定位到需要应用样式的位置，按快捷键即可快速应用该样式，能够有效提高工作效率。下面在"员工手册.docx"文档中使用快捷键设置其他二级标题样式，其具体操作如下。

微课视频

使用快捷键快速排版文档

（1）将鼠标光标定位到"二、适用范围"段落，按【Ctrl+2】组合键，为其应用新建的标题样式，如图3-19所示。

（2）使用相同的方法，将鼠标光标定位到其他需要设置的段落中，按【Ctrl+2】组合键快速应用样式，如图3-20所示。

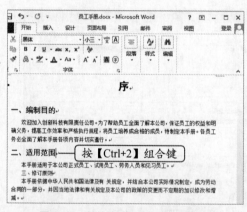

图3-19　按快捷键设置二级标题样式

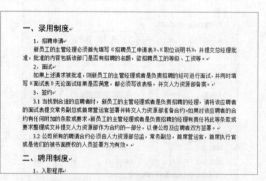

图3-20　设置其他二级标题样式

（3）在文档中设置并应用样式后，版面会发生改变。此时，需要将多余的空格行删除，如图3-21所示。另外，还要将当前页没有正文内容的标题段落移动到下一页，使页面整齐美观。

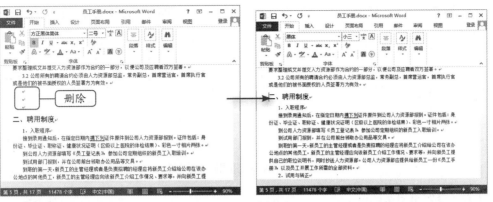

图3-21　删除空白行

（五）添加页眉和页脚

在一些较长的文档中，为了便于阅读，使文档传达更多的信息，可以添加页眉和页脚。通过设置页眉和页脚，可快速在文档每个页面的顶部和底部区域添加固定的内容，如页码、公司徽标、文档名称、日期、作者名等。下面在"员工手册.docx"文档中插入页眉与页脚，其具体操作如下。

微课视频

添加页眉和页脚

（1）单击"插入"选项卡，在"页眉和页脚"组中单击"页眉"按钮　，在弹出的列表中选择内置的页眉样式"边线型"，如图3-22所示。

（2）鼠标光标自动插入页眉区，且自动输入文档的标题，然后在"页眉和页脚工具"的"设计"选项卡的"页眉和页脚"组中单击"页脚"按钮　，在弹出的列表中选择内置的页脚样式"边线型"，如图3-23所示。

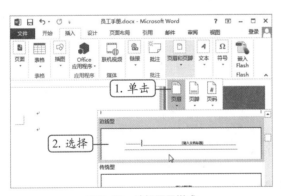

图3-22　选择页眉样式

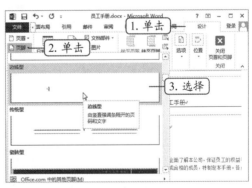

图3-23　选择页脚样式

操作提示

自定义设置页眉和页脚

在文档页眉和页脚的区域，双击即可快速进入页眉和页脚编辑状态，在该状态下可通过输入文本、插入形状、插入图片等方式达到设置页眉和页脚的效果，然后双击文档编辑区即可退出页眉和页脚编辑状态。

（3）鼠标光标插入页脚区，且自动插入页码，在"设计"选项卡中单击"关闭页眉和页脚"

按钮⊠退出页眉和页脚视图。返回文档中可看到设置页眉和页脚后的效果，如图3-24所示。

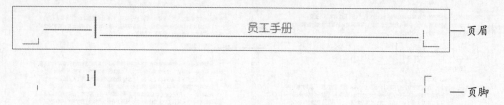

图3-24　设置的页眉和页脚效果

（六）设置页眉奇偶页不同

微课视频

设置页眉奇偶页不同

在一些长文档中，经常能见到奇数页和偶数页的页眉页脚内容不同，如在奇数页显示公司名或作者名，在偶数页显示文档名称。要实现在文档中奇数页和偶数页显示不同的内容比较简单，通过在页眉和页脚工具的"设计"选项卡中设置。下面在"员工手册.docx"文档中设置奇偶页的页眉不同，在奇数页中输入公司名称，使偶数页保持显示文档标题，其具体操作如下。

（1）双击鼠标进入页眉编辑状态，单击"设计"选项卡，在"选项"组中选中✓ **奇偶页不同** 复选框，如图3-25所示。

（2）在页码为奇数页的页眉中删除标题文本，再输入公司名称文本"欣然科技有限公司"，此时文档的奇数页显示公司名称，偶数页显示前面设置的文档标题，如图3-26所示。

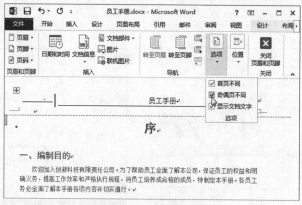

图3-25　设置奇偶页不同

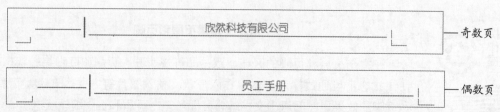

图3-26　设置页眉奇偶页不同的效果

删除页眉中标题文本框的原因

插入非空白样式的内置页眉后，选中 ☑奇偶页不同 复选框设置奇偶页不同时，只修改默认插入的标题文本框中的标题文本，所有页面的页眉内容都会发生变化，将标题文本框删除，重新输入文本，才可设置奇偶页不同。

（七）制作目录

目录是一种常见的文档索引方式，一般包含标题和页码两个部分，通过目录，用户可快速知晓当前文档的主要内容，以及快速查找需要内容的页码位置。

Word提供了添加目录的功能，无需用户手动输入内容和页码，只需要对对应内容设置相应样式，然后通过查找样式，从而提炼出内容及页码。因此，添加目录的前提条件是先为标题设置相应的样式。下面在"员工手册"文档中添加目录，标题样式的设置前面已有讲解，其具体操作如下。

微课视频

制作目录

（1）将鼠标光标定位到"序"文本前，单击"引用"选项卡，在"目录"组中单击"目录"按钮🗐，在弹出的列表中选择"自定义目录"选项，如图3-27所示。

（2）打开"目录"对话框，在"常规"栏的"格式"下拉列表框中选择"正式"选项，在"显示级别"数值框中输入"2"，单击 确定 按钮，如图3-28所示。

63

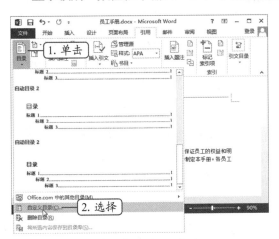

图3-27 "自定义目录"选项

图3-28 设置目录格式

知识补充

更新目录

提取文档的目录后，当文档中的标题文本有修改时，目录的内容和页码都有可能发生变化，就需要对目录重新进行调整。此时，使用"更新目录"功能可快速地更正目录，使目录和文档内容保持一致。其方法是：选择【引用】/【目录】组，单击🗐更新目录按钮，将打开"更新目录"对话框，在其中根据需要选中◉ 只更新页码(P) 单选项或◉ 更新整个目录(E) 单选项，然后单击 确定 按钮即可完成更新。

（3）返回文档编辑区，可看到插入目录后的效果，在目录的第一行文字前加入一个空行，然后输入“目录”二字，设置其字体为“黑体”、字号为“小二”，居中对齐显示，效果如图3-29所示。在目录中按住【Ctrl】键，单击标题文本，将直接跳转到该标题内容所在的文档页面。

目录

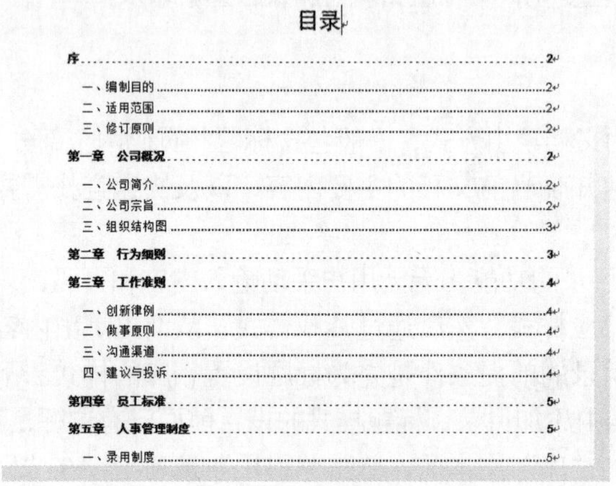

图3-29　目录效果

任务二　批量制作邀请函

老洪告诉米拉，邀请函中受邀人的姓名、电话号码等虽然不相同，但形式及内容一致，可以使用Word 2013中的邮件合并功能，来批量完成制作。除了邀请函，感谢信、请柬等类似文档也可通过邮件合并功能批量制作，因工作需要米拉尝试制作邀请函。

一、任务目标

本任务将批量创建并打印邀请函，主要通过Word的邮件合并功能来完成。先创建好邀请函文档，然后在邮件合并过程中创建数据源，最后将数据源中的项目导入。

通过本任务的学习，可掌握邮件合并和创建数据源的操作方法。本任务制作完成后的最终效果如图3-30所示。

邀请函

尊敬的谭晓雯总经理：

兹订于2019年5月20日至2019年5月27日，在××大厦召开智能家居展销会，并于5月20日11时50分在资新大酒店举行开幕典礼，敬备酒宴恭候。请届时光临。

欣然科技有限公司敬约

2019年5月12日

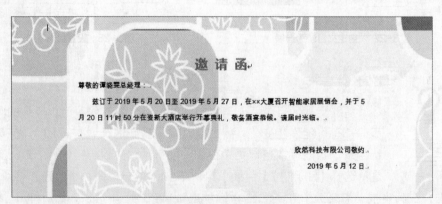

图3-30　“邀请函”文档效果

| 素材所在位置 | 素材文件\项目三\任务二\邀请函.docx、背景.jpg、客户名单.xlsx |
| 效果所在位置 | 效果文件\项目三\任务二\邀请函.docx |

职业素养

撰写邀请函的注意事项

　　邀请信是邀请亲朋好友或知名人士以及专家等参加某项活动时所发的请约性书信。在日常生活中，这类书信使用非常广泛。在制作这类文档时，不仅要注意语言简洁明了，还应写明举办活动的具体日期和地点，以及被邀请者的姓名。

二、相关知识

　　在Office中使用邮件合并功能需要先建立两个文档，一个包含所有共有内容的Word主文档（如未填写的信封）和一个包含变化信息的Excel表格数据源（如填写的收件人、发件人、邮政编码等），然后在主文档中插入变化的信息，合成后的文件可保存为Word文档、打印或以邮件形式发出去。邮件合并的应用领域介绍如下。

- **批量打印信封**：按统一的格式，将电子表格中的邮编、收件人地址和收件人打印出来。
- **批量打印信件、邀请函**：称呼可通过调用Excel表格中的收件人来完成，信件或邀请函的内容固定不变。
- **批量打印工资条**：从电子表格调用数据，将每位员工的工资组成和明细分别打印出来。
- **批量打印个人简历**：从电子表格中调用不同字段数据，每人一页，对应不同信息。

三、任务实施

（一）撰写"邀请函"

　　为方便后面进行邮件合并，编写邀请函时首先只需输入不会变化的文本，然后设置文本格式。下面将先撰写"邀请函.docx"文档，其具体操作如下。

微课视频
撰写"邀请函"

（1）在Word 2013中创建一个名为"邀请函.docx"的文档，单击"页面布局"选项卡，在"页面设置"组中单击右下方的对话框启动器按钮 。

（2）打开"页面设置"对话框，在"纸张方向"栏中选择"横向"选项，单击 确定 按钮，如图3-31所示。

（3）在【设计】/【页面背景】组中单击"页面颜色"按钮 ，在弹出的列表中选择"填充效果"选项，如图3-32所示，打开"填充效果"对话框。

（4）单击"图片"选项卡，单击 选择图片(L)... 按钮，打开"选择图片"对话框，找到目标位置，选择"背景.jpg"图片，单击 插入(S) 按钮，返回"填充效果"对话框，单击 确定 按钮，如图3-33所示，插入背景图片。

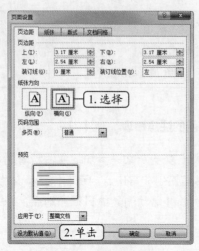

图3-31 设置纸张方向

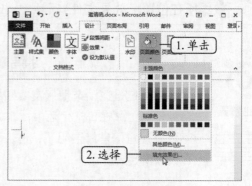

图3-32 选择"填充效果"

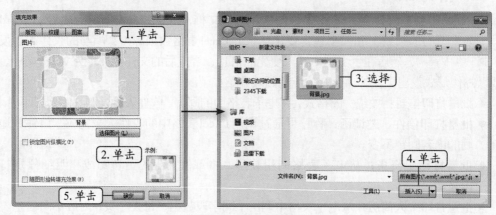

图3-33 插入背景图片

（5）在文档中插入文本框，并将其设置为"无线条、无填充"，输入邀请函内容。其中，标题文本设置为"黑体、一号、居中、橙色，着色2"，其他文本设置为"方正姚体简体、四号、黑色"。正文内容首行缩进两个字符，落款文本右对齐，效果如图3-34所示。

图3-34 邀请函效果

（二）邮件合并

前面制作的邀请函的称谓只包含"尊敬的"3个字，并没有添加姓名，要批量创建邀请函，需利用邮件合并功能创建数据源，并将数据源导入称谓处，其具体操作如下。

（1）在【邮件】/【开始邮件合并】组中单击"开始邮件合并"按钮，在弹出的列表中选择"邮箱合并分步向导"选项，如图3-35所示。

（2）打开"邮件合并"任务窗格，选中 信函 单选项，单击"下一步：正在开始文档"超级链接，在打开的任务窗格中选中 使用当前文档 单选项，单击"下一步：选取收件人"超级链接。在"选择收件人"栏中选中 键入新列表 单选项，在"键入新列表"栏中单击"创建"超级链接，如图3-36所示。

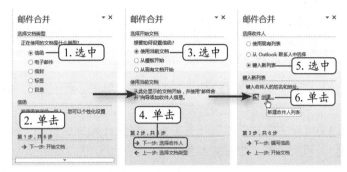

图3-35 选择"邮箱合并分步向导"选项　　图3-36 根据向导进行操作

67

（3）打开"新建地址列表"对话框，单击 自定义列（Z） 按钮，打开"自定义地址列表"对话框，在"字段名"列表框中选择"姓氏"选项，单击 删除（D） 按钮，打开提示对话框，提示是否删除该字段及其他信息，单击 是（Y） 按钮，如图3-37所示。

（4）继续删除列表框中的其他域名，只保留"职务""名字""地址行1"和"邮政编码"4个选项，选择"名字"选项，单击 上移（U） 按钮，单击 确定 按钮确认。

（5）返回"新建地址列表"对话框，在"输入地址信息"栏的文本框中输入"客户名单.xlsx"工作簿的第1条客户信息，单击 新建条目（W） 按钮，如图3-38所示。

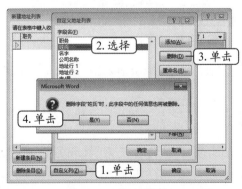

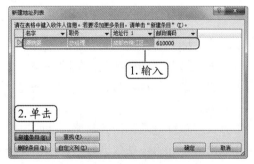

图3-37 删除域名　　　　　　　　图3-38 输入信息

（6）新建条目，输入其他客户信息，完成后单击 确定 按钮，如图3-39所示。

（7）打开"保存通讯录"对话框，设置文件的保存位置和文件名，单击 保存（S） 按钮保存数据文件，如图3-40所示。

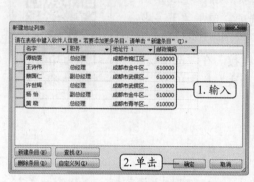

图3-39　完成数据源创建

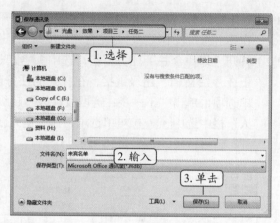

图3-40　保存数据源

（8）打开"邮件合并收件人"对话框，单击 确定 按钮，返回"邮件合并"任务窗格，单击
　　　"下一步：撰写信函"超级链接，如图3-41所示。
（9）打开"撰写信函"任务窗格，将鼠标光标定位到"《名字》"文本中，单击"其他项目"
　　　超级链接，如图3-42所示。

图3-41　撰写信函

图3-42　定位鼠标光标

（10）打开"插入合并域"对话框，选择"名字"选项，单击 插入(I) 按钮，再选择"职务"
　　　选项，单击 插入(I) 按钮，如图3-43所示。
（11）完成后单击 关闭 按钮，返回任务窗格，单击"下一步：预览信函"超级链接，如图
　　　3-44所示。
（12）打开"预览信函"任务窗格，此时文档中添加的项目"《名字》"和"《职务》"都将以
　　　数据源中的第一条数据显示，单击任务窗格中的"下一条"按钮，即可预览下一条
　　　数据，单击"下一步：完成合并"超级链接，如图3-45所示。
（13）打开"完成合并"任务窗格，单击"打印"超级链接，打开"合并到打印机"对话框，
　　　单击选中 全部(A) 单选项，单击 确定 按钮，即可批量打印所有创建的邀请函，如图3-46
　　　所示。

图3-43 在邀请函中插入域

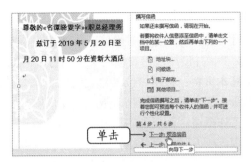

图3-44 预览效果

图3-45 单击"下一步：完成合并"超级链接

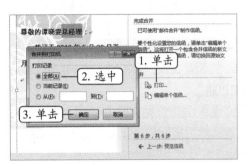

图3-46 打印全部邀请函

实训一 编排"岗位说明书"文档

【实训要求】

　　本实训要求编排及批注劳动合同文档，通过实训可让读者掌握为文档添加封面、修改样式、提取目录的方法。本实训的最终效果如图3-47所示。

微课视频

编排"岗位说明书"文档

素材所在位置　素材文件\项目三\实训一\岗位说明书.docx

效果所在位置　效果文件\项目三\实训一\岗位说明书.docx

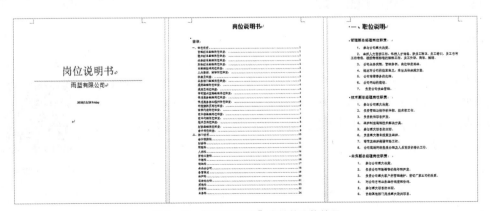

图3-47 "岗位说明书"文档的最终效果

【专业背景】

岗位说明书用于表明企业对岗位的描述和职员的任职资格。在编制岗位说明书时，要注重文字简单明了，并使用浅显易懂的文字填写。岗位说明书应该包括以下主要内容。

- **岗位基本资料**：包括岗位名称、岗位工作编号、汇报关系、直属主管、所属部门、工资等级、工资标准、所辖人数、工作性质、工作地点、岗位分析日期等。
- **岗位工作概述**：简要说明岗位工作的内容，并逐项说明岗位工作活动的内容，以及各活动内容所占时间百分比，活动内容的权限以及执行的依据等。
- **岗位工作责任**：包括直接责任与领导责任，要逐项列出任职者工作职责。
- **岗位工作资格**：即从事该项岗位工作所必须具备的基本资格条件，主要有学历、个性特点、体力要求以及其他方面的要求。
- **岗位发展方向**：根据需要可加入相关岗位发展方向的内容，明确企业内部不同岗位间的相互关系，利于员工明确发展目标，将自己的职业生涯规划与企业发展结合在一起。

【实训思路】

完成本实训首先要为文档添加两个标题，再依次为各个大标题、子标题设置样式，修改样式；然后提取目录，最后需要添加的具体内容较多，将添加批注，让文档的原始制作者修改。

【步骤提示】

（1）插入"传统型"封面，删除"公司""作者""摘要"模块，然后输入标题"岗位说明书"、副标题"雨蓝有限公司"和时间。

（2）在"岗位说明书"标题下方添加"一、职位说明"、在第9页"会计核算科"前添加"二、部门说明"。

（3）为"一、职位说明"应用"标题1"样式，将鼠标光标定位到"管理副总经理岗位职责："，新建一个名为"标题2"的样式，设置样式类型为"段落"、样式基准"标题2"、后续段落样式"正文"；设置文字格式为"黑体、四号"；设置段前段后间距为"5磅"，行距为"单倍行距"。

（4）依次为各个标题应用样式。

（5）在文档标题下方提取目录，应用"自动目录1"样式。

实训二　批量创建信封

【实训要求】

本实训要求使用Word 2013的创建信封和邮件合并功能，为前面正文制作的邀请函制作相应的信封，以便邮寄。制作的信封和邀请函内容需匹配，即信封上的收信人和邀请函上称呼处的人物名称需吻合。因此，信封的制作同样需要用到数据源。本任务制作完成后的最终效果如图3-48所示。

微课视频

批量创建信封

| 素材所在位置 | 素材文件\项目三\实训二\客户名单.xlsx |
| 效果所在位置 | 效果文件\项目三\实训二\信封.docx |

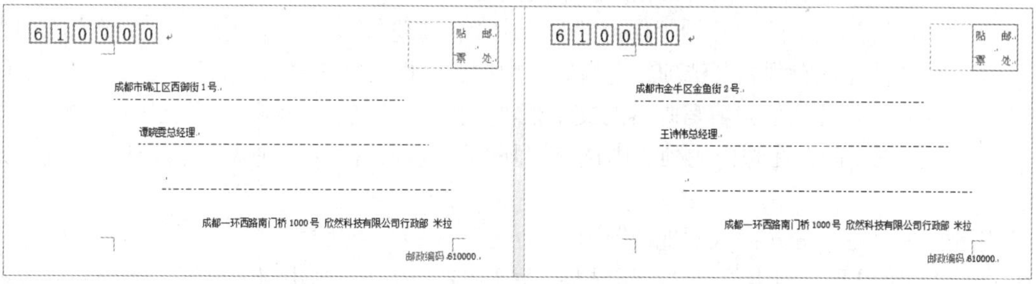

图3-48　中文信封效果

【专业背景】

　　信函常用于社会组织之间联系工作，它是企事业单位公关事物活动中不可缺少的重要传播工具，也是对外联系的一种正式形式。其内容均要慎重斟酌，才能发往对方，以免造成不良后果。其主要功能是建立与发展组织与公众之间的关系。

【实训思路】

　　本实训主要练习批量制作文档的方法。首先启动信封制作向导，按照向导的提示创建"信封"主文档，即输入每个信封上相同内容的文本，然后调用"客户名单"数据源，即调用每个信封上含有不同的、特定内容的文本。"主文档"和"数据源"这两个文档创建好后，使用邮件合并功能完成批量信函的创建，并填写寄件人的信息，如图3-49所示，主文档的效果如图3-50所示。

图3-49　寄件人的信息填写

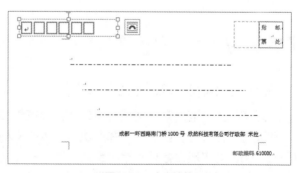

图3-50　主文档效果

【步骤提示】

（1）启动Word 2013，在【邮件】/【创建】组中单击"中文信封"按钮🖃，打开"信封制作向导"对话框，单击 下一步(N)> 按钮。

（2）在"选择信封样式"列表框中选择"国内信封－ZL（230×120）"选项。

（3）在"选择生成信封的方式和数量"栏中选中 ⦿键入收信人信息，生成单个信封(S) 单选项。

（4）在"收信人信息"栏中不输入任何信息，直接单击 下一步(N)> 按钮。

（5）在"寄信人信息"栏中输入姓名、单位、地址和邮编的具体信息。

（6）在"完成"栏中单击 完成(F) 按钮退出信封制作向导，Word将自动新建一个文档为信封页面大小，其中的内容为前面输入的信封内容。

（7）在"邮件"选项卡的"开始邮件合并"组中单击"选择收件人"按钮 ，在弹出的列表中选择"使用现有列表"选项，选择导入数据源文件"客户名单.xlsx"。

（8）将鼠标光标定位到信封填写邮编的文本框中，然后在"编写和插入域"组中单击"插入合并域"按钮 ，在弹出的列表中选择"邮编"选项，插入合并域，并调整"邮编"文本框大小。

（9）用相同的方法，分别插入"地址""客户姓名""职务"的域名。

（10）在"预览结果"组中单击"预览结果"按钮 ，返回信封中可看到插入的合并域位置变成了详细的邮编、地址、姓名和职务信息。

（11）在"完成"组中单击"完成并合并"按钮 ，在弹出的列表中选择"编辑单个文档"选项。

（12）在打开的"合并到新文档"对话框中，选中 全部(A) 单选项，Word将自动新建"信函1"文档，将所有信封内容合并到该文档，然后将"信函1"保存为"信封.docx"文档。

在信封制作向导中直接调用数据源批量制作信封

在"选择生成信封的方式和数量"栏中选中 基于地址簿文件，生成批量信封(M) 单选项，在打开的对话框中可直接调入数据源文件，然后匹配收件人和数据源的"姓名""地址"等信息，可快速完成信封的批量制作，直接调入数据源支持导入.xlsx和.text格式文件。

课后练习

练习1：编排"策划案"文档

下面将编排"策划案"文档。策划案也称策划书，是对某个未来的活动或者事件进行提前预估，并展现给读者的文档。策划书是目标规划的文档，对实现目标具有指导意义。制作这类文档时需要为文档中的内容应用样式，添加页眉、页脚和页码，以及提取目录等，使文档具有专业性，同时方便决策者查阅。完成后的效果如图3-51所示。

微课视频

编排"策划案"文档

素材所在位置　素材文件\项目三\课后练习\策划案.docx
效果所在位置　效果文件\项目三\课后练习\策划案.docx

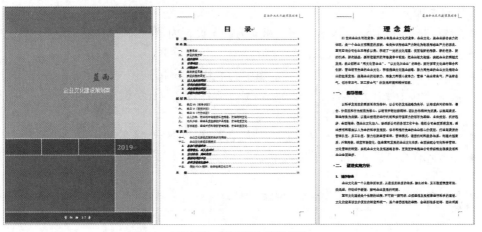

图3-51 "策划案"编排效果

操作要求如下。

● 打开"策划案.docx"素材文档,插入"瓷砖型"封面,并编辑封面内容。
● 应用"标题1"样式、"标题2"样式。将"标题2"样式字体修改为"黑体、小三、取消加粗",编号设置为"编号库"列表框中第4个编号选项;将"标题1"样式修改为居中显示。
● 插入"边线型"页眉页脚,然后将页眉内容修改为"蓝雨企业文化建设策划案",并设置为右对齐。
● 插入"3级"目录,并在目录页底部位置插入分页符分页。

练习2:批量制作"感谢信"文档

下面要求为某公司批量制作"感谢信",感谢前来参加周年庆典的合作伙伴。感谢信的姓名、邮政编码、电话号码等虽各不相同,但形式及内容一致,可以使用Word 2013中的邮件合并功能,快速地批量完成这些感谢信的制作。参考效果如图3-52所示。

微课视频

批量制作"感谢信"文档

素材所在位置 素材文件\项目三\课后练习\背景.jpg、名单.xlsx
效果所在位置 效果文件\项目三\课后练习\感谢信.docx、名单.mdb

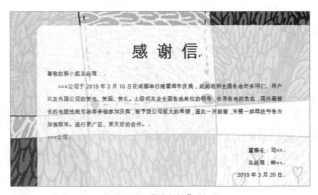

图3-52 "感谢信"效果

操作要求如下。

- 新建"感谢信.docx"文档，将"纸张方向"设置为"横向"，并填充背景图片。
- 通过文本框输入并设置感谢信文档内容。
- 单击【邮件】/【开始邮件合并】组中的"开始邮件合并"按钮📄，在弹出的列表中选择"邮件合并分步向导"选项，打开"邮件合并"任务窗格，根据提供的表格数据输入来宾信息，创建"名单.mdb"数据源。
- 在"撰写信函"任务窗格中，插入"姓名"和"职位"域名。
- 完成邮件合并后，批量打印感谢信。

技巧提升

1. 使用导航窗格查看长文档

当一篇文档内容较多，并且设置应用了标题样式后，就可使用Word提供的导航窗格来快速浏览长文档。单击"视图"选项卡，在"显示"组中选中 ☑ 导航窗格 复选框，将在文档右侧打开导航窗格，在"标题"栏中显示了各级标题的文本链接，单击相应的文本链接，将跳转到标题文本对应的文档页面。

2. 删除页眉中的横线

在进入文档页眉编辑区编辑页眉内容时，页眉处会出现一条横线，若要保留页眉中的文本内容，同时又要删除横线，可双击鼠标进入页眉编辑状态，在【开始】/【字体】组中单击"清除所有格式"按钮✨，此时将删除页眉中的横线，同时页眉中的文本内容的格式也会被清除，需要再次编辑页眉的文本格式。此外，也可以在页眉编辑状态中，选择页眉的内容，在【开始】/【段落】组中单击"边框"按钮⊞ ▾右侧的下拉按钮▾，在弹出的下拉列表中选择"无框线"选项，删除横线。

3. 插入分页符分页

分页符，顾名思义即对文档进行分页。在Word中，文字或图形填满一页时，将自动插入分页符并开始新的一页。然而在实际操作中，用户往往还需要根据工作的要求在特定的位置插入分页符进行分页，避免手动分页的麻烦。其方法是，将鼠标光标定位至要分页的位置，如段落末尾处，然后单击"插入"选项卡，在"页面"组中单击"分页符"按钮📄，此时光标后的文本将分到下一页中显示，同时在鼠标光标定位处显示分页符符号，且分页符后将不能再输入文本。

4. 设置页码的起始数

有些繁杂的文档是由多个文档内容组成的，在一个子文档内容中插入的页码就有可能不是由默认的"1"开始，此时可以自定义页码的起始数。方法是双击页眉页脚区域，进入页眉页脚设置状态，单击"设计"选项卡，在"页眉和页脚"组中单击"页码"按钮#，在弹出的列表中选择"设置页码格式"命令，打开"页码格式"对话框，选中 ◉ 起始页码(A): 单选项，在其后的数值框中输入起始页码，单击 确定 按钮即可。

PART 4

项目四
制作与编辑Excel表格

老洪：米拉，公司最近成立了技术部，需要制作一张"通讯录"表格，将同事的基本信息登记下来，以便相互交流联络。

米拉：Word 2013我已经比较熟悉了，做表格应该没有多大问题。

老洪：Word软件主要功能是制作文档，而要收集的数据量比较多时，使用专业的表格制作软件Excel 2013应该更加合适，操作起来也更加方便。

米拉：好的，我现在就去准备。

学习目标

● 掌握新建与保存工作簿、输入与编辑数据的操作

● 掌握字体格式、数据类型、对齐方式、边框和底纹等美化设置

● 掌握打印表格的操作方法

技能目标

● 制作"员工通讯录"工作簿

● 编辑"产品报价单"表格

任务一　制作"员工通讯录"工作簿

通讯录是公司行政人员需要制作的基本表格之一，其中记载员工的姓名、职位、联系电话等。米拉首先收集了相关人员的基本信息，然后将这些数据信息录入Excel表格中，并进行格式设置，使表格更加整齐美观。

一、任务目标

本任务将使用Excel 2013制作"员工通讯录"工作簿，新建一个表格，输入和编辑数据后，还需对其进行美化设置，使表格数据井井有条、一目了然，更加专业。本任务制作完成后最终效果如图4-1所示。

通过本任务的学习，可以掌握输入与填充数据、设置字体格式、设置对齐方式以及添加边框和底纹效果等操作，使学员掌握快速制作和设置表格的方法。

效果所在位置　效果文件\项目四\任务一\员工通讯录.xlsx

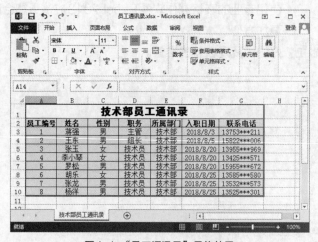

图4-1　"员工通讯录"最终效果

职业素养

"通讯录"的作用

通讯录是公司常制作的一类表格，用于记录员工的联系方式等基本信息，以方便员工之间沟通与交流。在实际工作中，常将通讯录打印出来，发给每位员工使用。

二、相关知识

（一）认识Excel 2013操作界面

Excel 2013的操作界面与Word 2013的操作界面有很多相似之处，包括标题栏、功能区、状态栏等，如图4-2所示，其功能也大致相同，下面分别介绍Excel操作界面中所组成的部分。

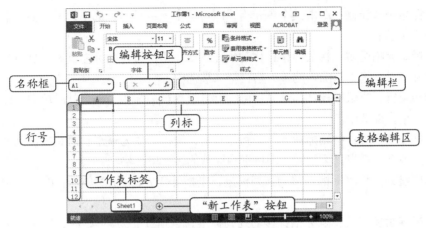

图4-2　Excel 2013的操作界面

- **名称框**：用于显示所选单元格名称，当选中一个单元格后，将在名称框中显示该单元格的行号和列标。
- **编辑按钮区**：单击"插入函数"按钮 f_x，将打开"插入函数"对话框，此时激活"取消"按钮☒和"确认"按钮☑。单击"取消"按钮☒可以取消编辑区中输入的数据；单击"确认"按钮☑可以确认输入的数据。
- **编辑栏**：显示当前活动单元格或正在编辑单元格中的内容，并可用于输入或修改当前活动单元格中的内容。
- **行号**：行号是一组代表编号的数字，主要作用在于方便用户快速查看与编辑行中的内容，其范围为1~1048576。
- **列标**：位于工作表区的最上方，主要用于定位单元格的位置，它用英文字母显示，总共16384列，如"A1"表示A列第1行单元格。
- **表格编辑区**：位于界面中心的表格区域，用户的输入与编辑操作都是在表格编辑区完成的，同时也需要通过表格编辑区来查看数据。
- **工作表标签**：主要显示当前工作簿中工作表的名称和对工作表进行的各种操作，Excel 2013默认只显示"Sheet1"一张工作表。
- **"新工作表"按钮**⊕：单击该按钮可快速插入新的工作表，将以"Sheet2""Sheet3"……进行命名。

知识补充

单元格、工作表和工作簿的关系

　　工作表区中的矩形小方格就是单元格，它是组成Excel表格和存储数据的最小单位，Excel中的所有数据都将存储和显示在单元格内。所有单元格组合在一起就构成了一张工作表，而多张工作表就构成了工作簿。

（二）选择单元格

　　创建工作簿后，无论是对表格中的数据进行输入、编辑，还是进行格式设置，都需要选择相应的单元格或单元格区域。在Excel中选择单元格或单元格区域的方法主要有以下几种。

77

- **选择单个单元格**：单击某个单元格，即可选中该单元格，选中的单元格边框将以黑色粗线边框显示。
- **选择单元格区域**：将鼠标指针移动到任意单元格，按住鼠标左键不放沿对角方向拖曳鼠标指针，拖曳范围内的单元格将全部被选中。
- **选择整行**：将鼠标指针移动到左侧的行号上，当指针变为➡形状时单击，即可将该行单元格全部选中。
- **选择连续多行**：将鼠标指针移动到行号上，当指针变为➡形状时，按住鼠标左键不放向上或向下拖曳鼠标指针，即可选中连续的多行单元格。
- **选择整列**：将鼠标指针移动到列标上，当指针变为⬇形状时单击，即可选中该列单元格。
- **选择连续多列**：将鼠标指针移动到列标上，当指针变为⬇形状时，按住鼠标左键不放向左或向右连续拖曳鼠标指针，即可选中连续的多列单元格。
- **选择整张工作表**：单击工作簿窗口左上角行号和列标相交处的"全选"按钮，或按【Ctrl+A】组合键，可选中整张工作表中的单元格。

三、任务实施

（一）新建和保存工作簿

在办公中，使用Excel制作各类表格，首先需要掌握创建和保存工作簿的操作。下面新建空白工作簿并将其以"员工通讯录.xlsx"为名进行保存，其具体操作如下。

微课视频

新建和保存工作簿

（1）选择【开始】/【所有程序】/【Microsoft Office】/【Microsoft Excel 2013】菜单命令，启动Excel 2013，然后选择【文件】/【新建】菜单命令，在打开的界面中选择"空白工作簿"选项，如图4-3所示。

（2）此时，将新建一个名为"工作簿2"的空白工作簿，如图4-4所示。

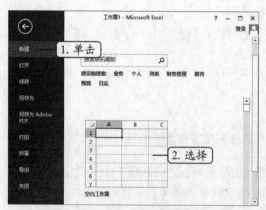

图4-3　选择"空白工作簿"选项

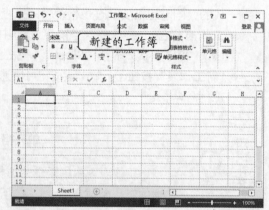

图4-4　新建的工作簿

（3）选择【文件】/【保存】菜单命令，在打开的界面中双击"计算机"选项，如图4-5所示。

（4）在打开的"另存为"对话框中的地址栏设置文件保存位置，在"文件名"列表框中输入"员工通讯录.xlsx"，然后单击 保存(S) 按钮，如图4-6所示。

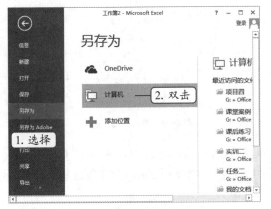

图4-5 双击"计算机"选项

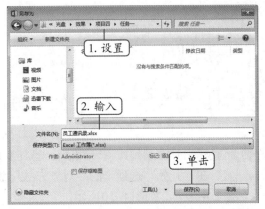

图4-6 设置保存位置和文件名

（5）在工作簿的标题栏上可看到文档名变成"员工通讯录.xlsx"，如图4-7所示，同时在计算机的保存位置也可找到保存的工作簿文件。

图4-7 保存的工作簿

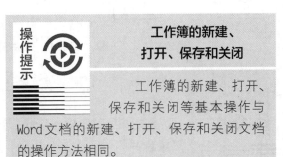

操作提示

工作簿的新建、打开、保存和关闭

工作簿的新建、打开、保存和关闭等基本操作与Word文档的新建、打开、保存和关闭文档的操作方法相同。

（二）输入与填充数据

保存工作簿后，便可将收集整理的数据内容输入工作表中，输入过程中除了采用直接输入方式输入数据，也可以通过填充功能快速输入数据。下面在新建的"员工通讯录.xlsx"工作簿中输入相关数据，其具体操作如下。

微课视频

输入与填充数据

（1）在A1单元格上双击鼠标，将鼠标光标定位到单元格中，切换到中文输入法，输入文本"技术部员工通讯录"，然后按【Enter】键确认输入，如图4-8所示。

（2）此时自动向下选中A2单元格，直接输入文本"员工编号"，如图4-9所示，然后按【Enter】键确认输入。

（3）在B2:G2单元格区域分别输入文本"姓名""性别""职务""所属部门""入职日期""联系电话"表头内容。

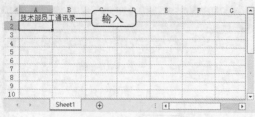

图4-8　输入标题

图4-9　输入"员工编号"

（4）将鼠标指针移动到A1单元格上，当其变成➕形状时，拖动鼠标选择A1:G1单元格区域，然后在"开始"选项卡的"对齐方式"组中单击💼合并后居中按钮，合并单元格使表格标题居中显示，如图4-10所示。

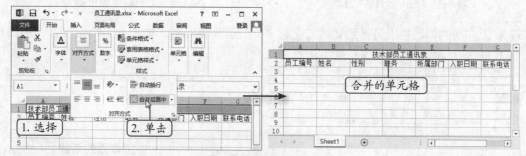

图4-10　合并标题单元格

操作提示

拆分单元格

将相邻的单元格合并为一个单元格后，若表格内容或样式发生更改，可将合并的单元格进行拆分，其方法是选中合并的单元格，再次单击 💼合并后居中按钮。

（5）在A3单元格中输入数字"1"，然后将鼠标指针移动到单元格右下角的控制柄上，当其变成➕形状时，按【Ctrl】键的同时，按住鼠标左键不放向下拖动至C10单元格后释放鼠标，以"1"为递增单位快速填充数据，如图4-11所示。

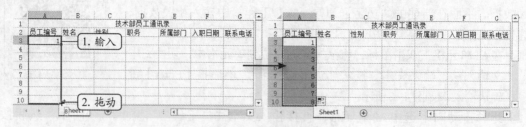

图4-11　递增填充数据

（6）在E3单元格中输入中文文本"技术部"，然后将鼠标指针移动到单元格右下角的控制柄上，当其变成➕形状时，按住鼠标左键不放向下拖动至E10单元格后释放鼠标，快速填充相同文本，如图4-12所示。

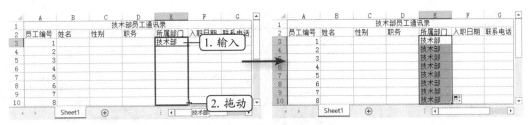

图4-12 填充相同文本内容

序列填充

　　在A3单元格中输入数字"1"，选择A1:A10单元格区域，在"开始"选项卡的"编辑"组中单击 填充▾ 按钮，在弹出的列表中选择"序列"选项，打开"序列"对话框，在"类型"栏中选中 ◉ 等差序列(L) 单选项，在"步长值"文本框中设置序列之间的差值，如输入"1"，将以"1"为单位进行递增，如输入"2"，将以"2"为单位进行递增。

（7）分别在"姓名""性别""职务""入职日期"和"联系电话"列中输入对应的数据，效果如图4-13所示。

图4-13 完成数据的输入

输入数据的技巧

　　输入"性别""职务"类似文本内容时，可先快速填充相同的文本，再依次进行修改。

（三）设置表格数据的字体格式

　　在单元格中输入的数据都是Excel默认的字体格式，这让制作完成后的表格看起来没有主次之分，为了让表格内容表现更加直观，便于以后对表格数据的进一步查看与分析，可对单元格中的字体格式进行设置。下面在"员工通讯录.xlsx"工作簿中设置标题和表头内容的字体格式，其具体操作如下。

微课视频

设置表格数据的
字体格式

（1）在"员工通讯录.xlsx"工作簿中，选择合并后的A1单元格，然后单击鼠标右键，在弹出的快捷菜单中选择"设置单元格格式"命令。

（2）打开"设置单元格格式"对话框，单击"字体"选项卡，在"字体"下拉列表框中选择"方正大黑简体"选项，在"字形"列表框中选择"加粗"选项，在"字号"下拉列表框中选择"18"选项，单击 确定 按钮，如图4-14所示。

（3）选择A2:G2单元格区域，在【开始】/【字体】组中，将字体设置为"黑体、12、加粗"，如图4-15所示。

（4）利用相同的方法将A3:G10单元格区域的字号设置为"12"，效果如图4-16所示。

图4-14　通过对话框设置字体

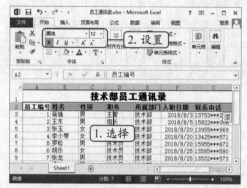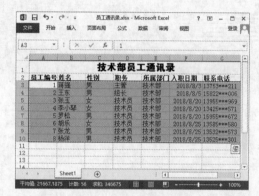

图4-15　在功能区中设置字体　　　　　图4-16　设置字号后的效果

（四）设置表格数据的对齐方式

在Excel中，不同的数据默认有不同的对齐方式，为了更方便地查阅表格，使表格更加美观，可设置单元格中数据的对齐方式。下面在"员工通讯录.xlsx"工作簿中将除标题外的数据设置为居中对齐，其具体操作如下。

微课视频

设置表格数据的对齐方式

（1）选择A2:G2单元格，选择【开始】/【对齐方式】组，单击"居中"按钮，如图4-17所示。

（2）返回文档，选择的数据内容将居中对齐，效果如图4-18所示。

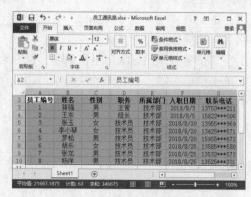

图4-17　设置居中对齐　　　　　　　图4-18　居中对齐的效果

（五）设置边框和底纹

Excel表格的边线默认情况下是不能被打印输出的，有时为了适应办公的需要常常要求打印出表格的边框，此时就可为表格添加边框。为了突出显示内容，还可为某些单元格区域设置底纹颜色。下面在"员工通讯录.xlsx"工作簿中设置边框与底纹，其具体操作如下。

（1）选择A2:G10单元格区域，在"字体"组中单击"边框"按钮，右侧的下拉按钮，在弹出的下拉列表中选择"其他边框"选项，如图4-19所示。

（2）打开"设置单元格格式"对话框的"边框"选项卡，在"样式"列表框中选择"——"选项，在"预置"栏中单击"外边框"按钮，继续在"样式"列表框中选择"——"选项，在"预置"栏中单击"内部"按钮，完成后单击 确定 按钮，如图4-20所示。

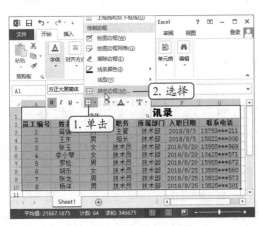

图4-19 选择"其他边框"

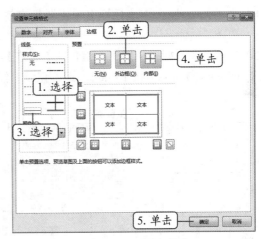

图4-20 设置边框样式

（3）选择A2:G10单元格区域，在"字体"组中单击"填充"按钮，右侧的下拉按钮，在弹出的列表中选择"白色，背景1，深色5%"选项，如图4-21所示。

（4）返回工作表，可看到设置边框与底纹后的效果，如图4-22所示。

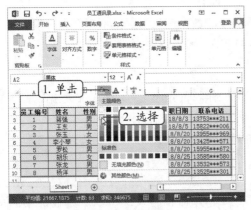

图4-21 设置底纹

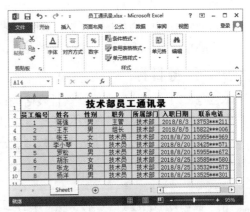

图4-22 查看边框和底纹效果

在功能区中快速添加边框样式

选择目标单元格区域后，在"字体"组中单击"边框"按钮右侧的下拉按钮，在弹出的下拉列表中选择"上框线""下框线"等选项可快速添加相应的边框样式，选择"无边框"则可取消边框设置。

（六）重命名工作表

Excel 2013默认状态下新建的工作簿只包含一张"Sheet1"工作表，为了方便管理，通常会将工作表命名为与展示内容相关联的名称。下面在"员工通讯录.xlsx"工作簿中，将"Sheet1"工作表重命名为"技术部员工通讯录"，其具体操作如下。

微课视频

重命名工作表

（1）在"Sheet1"工作表标签上单击鼠标右键，在弹出的快捷菜单中选择"重命名"命令。

（2）此时工作表标签呈黑底可编辑状态，在其中输入工作表名称——"技术部员工通讯录"，如图4-23所示。按【Enter】键，完成工作表的重命名。

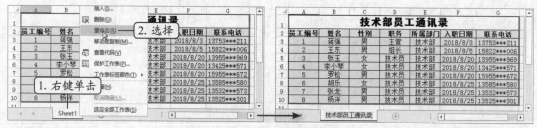

图4-23　重命名工作表

任务二　编辑"产品报价单"表格

因为有客户咨询相关产品的价格，所以领导安排米拉基于"产品价格表"编辑一份"产品报价单"，对相关产品进行报价。老洪告诉米拉，制作这类表格时，一定要保持数据显示完整，需要修改其中的数据内容，或删除某些不需要的数据信息。经过不懈努力，米拉终于完成"产品报价单"的编辑。通过编辑表格，米拉掌握了编辑表格的常用方法。

一、任务目标

本任务将对"产品报价单"素材表格进行编辑操作。首先通过移动和复制数据，完善表格内容，然后进行修改和替换数据等操作，最后套用表格样式并打印表格。

通过本任务的学习，可掌握表格数据的常用编辑操作，以及打印表格的方法。本任务制作完成后的最终效果如图4-24所示。

素材所在位置　素材文件\项目四\任务二\产品价格表.xlsx、产品报价单.xlsx
效果所在位置　效果文件\项目四\任务二\产品报价单.xlsx

図4-24　"产品报价单"表格的最终效果

"产品报价单"的制作要求及作用

职业素养

　　"产品报价单"是公司为了让消费者对公司产品的价格等情况一目了然而制作的。在制作时，首先站在公司的立场确定商品的实际情况，然后站在消费者的角度考虑，消费者需要了解产品的哪些信息。其中产品名称、产品的规格以及价格等是必不可少的，即消费者在购买产品时需要知道购买的什么产品、产品的规格以及产品体积或大小、重量等。

二、相关知识

　　制作表格时，经常会输入各类数据，如"价格""百分比"等，为了明显地区分数据类型，需要使用不同格式显示这些数据。Excel的"开始"选项卡的"数字"组可快速设置数据类型。"数字"组主要按钮的含义如下。

- **"会计数字格式"按钮**：单击该按钮将为选定单元格应用货币格式，默认保留2位小数。
- **"百分比样式"按钮%**：单击该按钮将单元格中的数据显示为百分比，不保留小数位数，小数进行四舍五入。例如，为"0.535"设置百分比样式后，将显示为"54%"。
- **"千位分隔样式"按钮**：单击该按钮将单元格格式更改为不带货币符号的会计格式。
- **"增加小数位数"按钮**：单击该按钮将通过增加显示小数位数，以较高精度显示数据。
- **"减少小数位数"按钮**：单击该按钮将通过减少显示小数位数，以较低精度显示数据。

三、任务实施

（一）移动与复制数据

　　当需要调整单元格中相应数据之间的位置，或在其他单元格中编辑相同的数据时，可利用Excel的移动与复制功能快速修改数据，以提高工作效率。下面将"产品价格表.xlsx"工作簿中的相应数据复制到"产品报价单.xlsx"工作簿中，然后移动数据，其具体操作如下。

（1）在文件保存位置分别双击提供的素材文件"产品价格表.xlsx""产品报价单.xlsx"，打开这两个工作簿，如图4-25所示。

微课视频

移动与复制数据

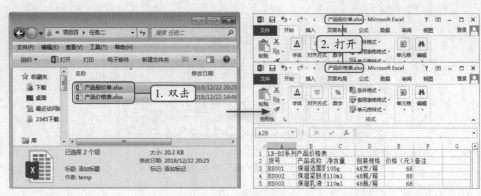

图4-25 打开工作簿

（2）在打开的素材文件"产品价格表.xlsx"中的"BS系列"工作表中，选择A3:E6单元格区域，在"开始"选项卡的"剪贴板"组中单击"复制"按钮。

（3）在"产品报价单"工作簿中选择B3单元格，然后单击"剪贴板"组中的"粘贴"按钮完成数据的复制，如图4-26所示。

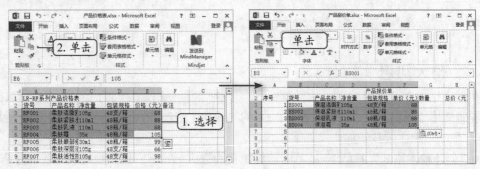

图4-26 复制数据

（4）用相同的方法将"产品价格表"工作簿的"MB系列"工作表的A11:E12单元格区域和"RF系列"工作表的A17:E20单元格区域中的数据分别复制到"产品报价单"工作簿的B5和B7单元格。

（5）在"产品报价单"工作簿中选择B11:F11单元格区域，然后在"剪贴板"组中单击"剪切"按钮。选择B13单元格，在"剪贴板"组中单击"粘贴"按钮完成数据的移动，如图4-27所示，将该数据项放到最后一行。

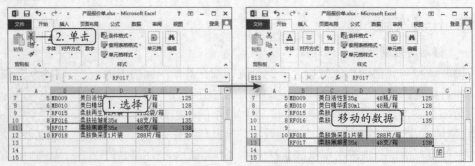

图4-27 移动数据

选择粘贴选项

完成数据的复制后，目标单元格的右下角将出现"粘贴选项"按钮 📋(Ctrl)，单击该按钮，在打开的列表中可选择粘贴源格式、粘贴数值，以及其他粘贴选项，以不同的方式复制数据。

（二）插入与删除单元格

在编辑表格数据时，若发现工作表中有遗漏的数据，可在已有表格数据的所需位置插入新的单元格、行或列后再输入数据；若发现有多余的单元格、行或列，则可将其删除。下面在"产品报价单.xlsx"工作簿中插入与删除单元格，其具体操作如下。

微课视频

插入与删除单元格

（1）选择B7:F7单元格区域，在"开始"选项卡的"单元格"组中单击"插入"按钮下方的下拉按钮▼，在弹出的下拉列表中选择"插入单元格"选项。

（2）在打开的"插入"对话框中选中 ⦿活动单元格下移(D) 单选项，单击 确定 按钮，插入单元格后同一列中的其他单元格将向下移动，如图4-28所示。

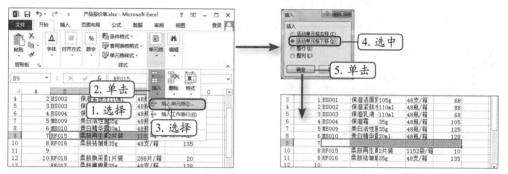

图4-28 插入单元格

（3）选择B12:F12单元格区域，在"单元格"组中单击"删除"按钮下方的下拉按钮▼，在弹出的下拉列表中选择"删除单元格"选项。在打开的"删除"对话框中选中 ⦿下方单元格上移(U) 单选项，单击 确定 按钮即可删除需删除的单元格区域，如图4-29所示。

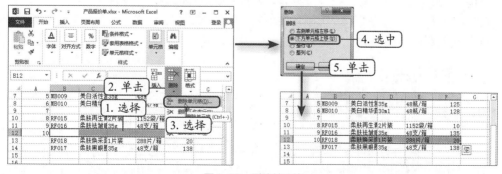

图4-29 删除单元格

（4）利用相同方法，删除G（数量）列和H（总价）列单元格，去除数量和总价数据。

"插入"和"删除"对话框中其他单选项的含义

　　"插入"对话框的 ⊙活动单元格右移(I) 单选项，表示选中的活动单元格向右移动；"删除"对话框的 ⊙右侧单元格左移(L) 单选项，表示右侧的单元格左移填充删除的单元格区域；⊙整行(R)和⊙整列(C)单选项表示插入或删除整行或整列单元格。

（三）清除与修改数据

微课视频

清除与修改数据

　　在单元格中输入数据后，难免会出现输入错误或数据发生改变等情况，此时除了可以通过复制、移动数据，还可以直接清除不需要的数据，并将其修改为所需的数据。下面在"产品报价单.xlsx"工作簿中清除与修改数据，其具体操作如下。

（1）在A13单元格中输入编号数据"11"，然后将"产品价格表"工作簿的"MB系列"工作表的A8:E8单元格区域中的数据复制到"产品报价单"工作簿的B7:F7单元格区域中。

（2）选择B12:F12单元格区域，在"编辑"组中单击"清除"按钮 ✐，在弹出的列表中选择"清除内容"选项，或按【Delete】键。

（3）返回工作表中，看到所选单元格区域中的数据已被清除，如图4-30所示。

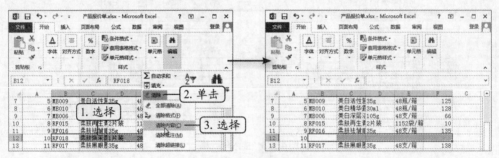

图4-30　清除数据

（4）将"产品价格表"工作簿的"MB系列"工作表的A14:E14单元格区域中的数据复制到"产品报价单"工作簿的B12:F12单元格区域中，然后双击B12单元格，选择其中的"MB"文本，直接输入"RF"文本后，即可修改所选的数据，如图4-31所示。

（5）选择C11单元格，在编辑栏中选择"柔肤"文本，然后输入"美白"文本，完成数据的修改，如图4-32所示。

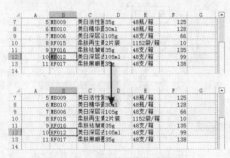

图4-31　双击单元格修改数据

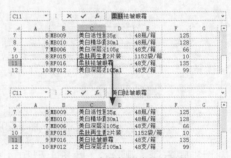

图4-32　在编辑栏中修改数据

（四）查找与替换数据

在 Excel 表格中手动查找与替换某个数据将非常麻烦，且容易出错，此时可利用查找与替换功能快速定位到满足查找条件的单元格，并将单元格中的数据替换为需要的数据。在做产品报价单时，产品的单价可根据需要在产品价格表的基础上有所浮动，因此下面在"产品报价单.xlsx"工作簿中查找单价为"68"的数据，将其替换为"78"，其具体操作如下。

微课视频

查找与替换数据

（1）选择 A1 单元格，在"开始"选项卡的"编辑"组中单击"查找和替换"按钮，在弹出的列表中选择"替换"选项。

（2）打开"查找和替换"对话框的"替换"选项卡，在"查找内容"文本框中输入数据"68"，在"替换为"文本框中输入数据"78"，然后单击 查找下一个(F) 按钮，在工作表中将查找到第一个符合的数据所在的单元格，并选择该单元格，如图 4-33 所示。

（3）单击 替换(R) 按钮，在工作表中将替换选择的第一个符合条件的单元格数据，且自动选择下一个符合条件的单元格。

（4）单击 查找全部(I) 按钮，在"查找和替换"对话框的下方区域将显示所有符合条件数据的具体信息，如图 4-34 所示。

图 4-33 查找第一个数据

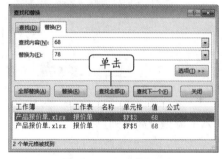

图 4-34 查找所有数据

（5）单击 全部替换(A) 按钮，在工作表中将替换所有符合条件的单元格数据，且打开提示对话框，单击 确定 按钮，返回工作表中可看到查找与替换数据后的效果，如图 4-35 所示。

图 4-35 替换所有符合条件的数据

（五）设置数据类型

微课视频

设置数据类型

不同用户对单元格中数字的类型有不同的需求，因此，Excel提供了多种数字类型，如数值、货币、日期等，或便于区别的特殊数字格式。下面在"产品报价单.xlsx"工作簿中，将"单价"列设置为货币格式，其具体操作如下。

（1）选择F3:F13单元格区域，在"开始"选项卡的"数字"组中，单击右下方的对话框启动器按钮 。

（2）在打开的"设置单元格格式"对话框中单击"数字"选项卡，在"分类"列表框中选择"货币"选项，在"小数位数"数值框中输入"1"，在"货币符号"下拉列表框中选择"￥"选项，单击 确定 按钮，如图4-36所示。

（3）返回工作表，可看到所选区域的数据格式变成了货币类型，如图4-37所示。

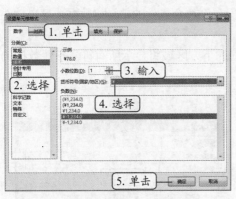

图4-36 设置货币类型

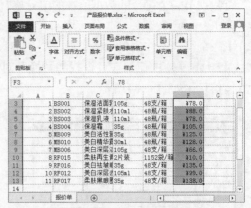

图4-37 货币格式的效果

（六）调整行高或列宽

默认状态下，单元格的行高和列宽是固定不变的，但是当单元格中的数据太多，而不能完全显示其内容时，则需要调整单元格的行高或列宽，使其符合单元格内容的大小显示。下面在"产品报价单.xlsx"工作簿中调整单元格行高与列宽，其具体操作如下。

微课视频

调整行高或列宽

（1）选择C列，在"开始"选项卡的"单元格"组中单击"格式"按钮 ，在弹出的列表中选择"自动调整列宽"选项，如图4-38所示，返回工作表中可看到C列变宽且其中的数据完整显示出来。

（2）将鼠标指针移到第2行行号间的间隔线上，其变为 形状，按住鼠标左键不放向下拖动，待拖动至适合的距离后释放鼠标，可调整行高如图4-39所示。

（3）选择第3~13行，在"开始"选项卡的"单元格"组中单击"格式"按钮 ，在弹出的列表中选择"行高"选项。

（4）在打开的"行高"对话框的数值框中默认显示为"13.5"，这里输入数字"15"后单击 确定 按钮，在工作表中可看到第3~13行的行高增大了，如图4-40所示。

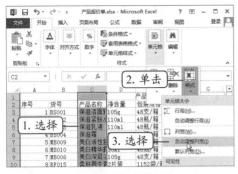

图4-38　自动调整列宽

图4-39　使用鼠标拖动调整行高

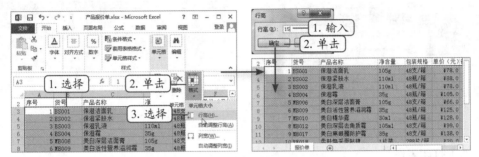

图4-40　通过对话框调整单元格行高

（七）套用表格样式

如果用户希望工作表更美观，但又不想浪费太多的时间设置工作表格式，此时可利用自动套用工作表格式功能直接调用系统中已设置好的表格样式，这样可提高工作效率。下面在"产品报价单.xlsx"工作簿中套用表格样式，其具体操作如下。

微课视频

套用表格样式

（1）选择A2:G13单元格区域，在"开始"选项卡的"样式"组中单击"套用表格格式"按钮，在弹出的列表中选择"表样式中等深浅10"选项。

（2）由于已选择了套用范围的单元格区域，这里只需在打开的"套用表格式"对话框中单击　确定　按钮即可，如图4-41所示。

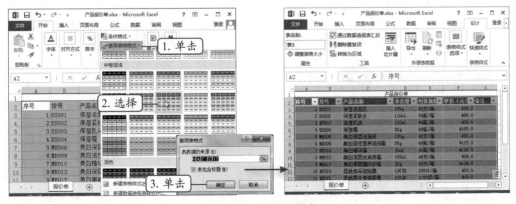

图4-41　套用表格样式

（3）套用表格样式后，单击激活的"设计"选项卡，在"工具"组中单击 转换为区域 按钮，在打开的对话框中单击 确定 按钮，将套用样式的表格转换为普通的单元格区域，取消筛选功能，如图4-42所示。

（4）将标题文本设置为"方正黑体简体、20"，表头内容设置为居中对齐，完成表格的编辑和美化工作，效果如图4-43所示。

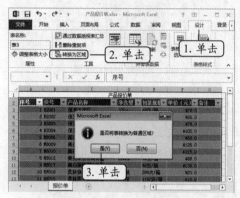

图4-42　转换表格区域

图4-43　完成编辑

（八）打印表格

对于办公人员来说，编辑美化后的表格通常需要打印出来，让公司人员或客户查看。打印时为了完美呈现表格内容，就需要对工作表的页面、打印范围等进行设置，完成设置后，可进行预览查看打印效果。下面在"产品报价单.xlsx"工作簿中设置页面布局并进行打印，其具体操作如下。

微课视频

打印表格

（1）选择【页面布局】/【页面设置】组，单击右下方的对话框启动器按钮 。

（2）打开"页面设置"对话框，在"页面"选项卡的"方向"栏中选中 横向(L) 单选项，在"缩放比例"文本框中输入"150%"，在"纸张大小"栏中选择"A4"选项，如图4-44所示。

（3）选择"页边距"选项卡，在"居中方式"栏中选中 水平(Z) 复选框和 垂直(V) 复选框，单击 打印预览(W) 按钮，如图4-45所示。

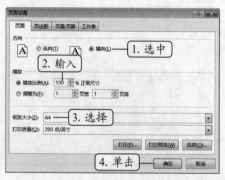

图4-44　打开"页面设置"对话框

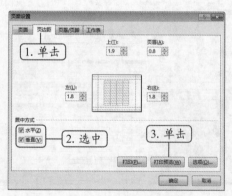

图4-45　设置"页面距"选项卡

（4）此时将进入打印界面，与Word的打印界面类似，其右侧用于查看表格的打印效果，左侧可设置打印份数、打印范围、纸张方向和纸张大小等。设置完成后，单击"打印"按钮🖨即可打印输出表格，如图4-46所示。

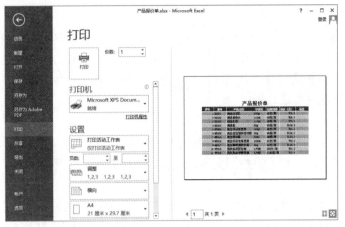

图4-46 打印表格

设置打印表格区域

选择要打印的单元格区域，选择【页面布局】/【页面设置】组，单击"打印区域"按钮📄，在弹出的列表中选择"设置打印区域"选项，可只打印所需的表格区域。

实训一 制作"采购记录表"

【实训要求】

本实训要求制作"采购记录表"。由于采购记录表的项目较多，有各项数据分类，因此在制作时要让表格内容井井有条，需通过设置使重点内容突出显示。本实训制作完成后的效果如图4-47所示。

微课视频

制作"采购记录表"

	采购事项				请购事项			验收事项			
采购日期	采购单号	产品名称	供应商代码	单价(元)	请购日期	请购数量	请购单位	验收日期	验收单号	交货数量	交货批次
1/7	S001-548	电剪	ME-22	361	1/5	1	车缝部	1/9	C06-0711	1	1
1/7	S001-549	内箱\外箱\贴纸	MA-10	2\2\0.5	1/6	100	包装部	1/9	C06-0712	100	1
1/8	S001-550	电\蒸气熨斗	ME-13	130\220	1/6	4	熨烫部	1/9	C06-0713	4	1
1/9	S001-551	锅炉	ME-33	950	1/7	1	生产部	1/10	C06-0714	1	1
1/10	S001-552	润滑油	MA-24	12	1/8	50	生产部	1/11	C06-0715	50	1
1/11	S001-553	枪针\橡筋	MA-02	8\0.3	1/10	300	成品部	1/12	C06-0716	180	2
1/13	S001-554	拉链\拉链头	MA-02	0.2\0.2	1/11	300	成品部	1/14	C06-0717	300	1
1/13	S001-555	链条车	ME-11	87	1/12	1	成品部	1/15	C06-0718	2	1

2018年1月 2018年2月 2018年3月 2018年4月

图4-47 "采购记录表"效果

素材所在位置 素材文件\无

效果所在位置 效果文件\项目四\实训一\采购记录表.xlsx

【专业背景】

采购记录表是记录公司采购信息的表格，主要记录物品请购时间、请购部门、采购时间和验收时间等项目。公司采购部门向原材料、燃料、零部件和办公用品等供应商发出采购单，收到供应商提供的货物后，公司采购部门进行验收，即可完成采购流程。这类表格一般由多张表格组成，以月份进行划分。

【实训思路】

完成本实训首先需要新建并保存"采购记录表.xlsx"工作簿，新建工作表并依次对工作表进行重命名，然后输入和编辑数据内容，最后对表格进行美化设置。

【步骤提示】

（1）新建并保存"采购记录表.xlsx"，单击"新工作表"按钮⊕插入工作表，将工作表分别命名为"2018年1月""2018年2月""2018年3月""2018年4月"。

（2）在"2018年1月"工作表中输入对应的数据，可使用填充功能输入数据，再修改数据。在A2单元格输入"采购事项"，在F2单元格输入"请购事项"，在I2单元格输入"验收事项"，分别合并A2:E2、F2:H2、I2:L2单元格区域。

（3）将标题设置为"华文琥珀、24"，将表头设置为"华文细黑、12"，其他数据字号为"12"。

（4）为A4:L16单元格区域添加边框，为表头内容设置"浅绿"底纹，为C4:C16、E4:E16、G4:G16、K4:K16单元格区域设置"橄榄色，着色3，淡色80%"底纹。

实训二 制作"往来客户一览表"

【实训要求】

本实训的目标是制作"往来客户一览表"，制作该类表格，要注意内容的对齐设置，从而使内容清楚显示。本例需要在已有的工作表中编辑数据，如合并单元格、修改数据、查找和替换数据等，然后进行字体格式、数字类型等美化设置。完成后的最终效果如图4-48所示。

微课视频

制作"往来客户一览表"

图4-48 "往来客户一览表"效果

素材所在位置	素材文件\项目四\实训二\往来客户一览表.xlsx
效果所在位置	效果文件\项目四\实训二\往来客户一览表.xlsx

【专业背景】

往来客户一览表是公司对往来客户在交易上的原始资料整理，用来记录往来客户信息，如往来客户的企业名称、联系人、信用、以及与本公司的合作性质等。在制作这类表格时，应定期对交易往来客户作调查，有关交易往来客户的变化情况应及时更正，交易往来客户如果解散或与本公司的交易关系解除，应尽快将其从表中删除，并将其与交易往来客户原始资料分别保管。

【实训思路】

完成本实训可在提供的素材文件中编辑表格数据，如合并单元格、删除行、修改数据、查找和替换数据等，还可设置字体格式、对齐方式，以及设置数字格式，如输入以"0"开头和11位以上的数字以"文本"形式显示等，完成后直接套用表格样式。

【步骤提示】

（1）打开素材文件"往来客户一览表.xlsx"，合并A1:L1单元格区域，然后选择A~L列，自动调整列宽。

（2）选择A3:A12单元格区域，自定义序号的格式为"000"，再选择I3:I12单元格区域，设置数字格式为"文本"，完成后在相应的单元格中输入11位以上的数字。

（3）剪切A10:L10单元格区域中的数据，将其插入第7行下方，然后将B6单元格中的"明铭"数据修改为"德瑞"，再查找数据"有限公司"，并替换为"有限责任公司"。

（4）选择A1单元格，设置字体格式为"方正大黑简体，20，深蓝"，选择A2:L2单元格区域，设置字体格式为"方正黑体简体，12"，然后选择A2:L12单元格区域，设置对齐方式为"居中"，边框为"所有框线"，完成后重新调整单元格行高与列宽。

（5）选择A2:L12单元格区域，套用表格样式"表样式中等深浅16"。

课后练习

练习1：制作并打印"出差登记表"

下面将制作"出差登记表"，然后打印输出。出差登记表记录了员工的出差情况，它包含出差人姓名、所属部门、目的地、出差事由、出差时间等，其中出差事由和出差时间关系员工出差费用的报销，需要准确填写。制作时依次输入数据、编辑数据、美化表格即可，完成后进行打印输出，参考效果如图4-49所示。

微课视频

制作并打印
"出差登记表"

效果所在位置 效果文件\项目四\课后练习\出差登记表.xlsx

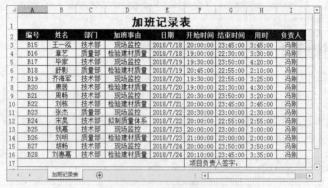

图4-49 "出差登记表"最终效果

操作要求如下。

● 新建"出差登记表.xlsx"工作簿，将工作表"Sheet1"重命名为"出差登记表"。

● 分别在对应的单元格中输入相应的数据内容，并调整表格，使数据完全显示。

● 设置标题和表头数据的字体格式，设置数据居中对齐，然后为表头设置"黑色，文字1，淡色35%"底纹样式，最后添加边框。

● 设置纸张方向为"横向"，纸张大小为"A4"，居中方式为"水平居中"，然后打印输出两份表格。

练习2：美化并打印"加班记录表"

下面对"加班记录表"进行美化设置并打印输出。加班记录表是公司经常涉及的表格类型，用于记录员工的加班情况。打开素材文件后，首先观察表格，查看数据是否出错，是否显示完整等，然后明确美化方向，再进行美化与打印操作。参考效果如图4-50所示。

微课视频

美化并打印
"加班记录表"

素材所在位置 素材文件\项目四\课后练习\加班记录表.xlsx

效果所在位置 效果文件\项目四\课后练习\加班记录表.xlsx

图4-50 "加班记录表"参考效果

操作要求如下。

● 打开素材"加班记录表.xlsx"工作簿，调整"加班事由"数据列的列宽，然后合并标题，将其设置为"黑体、20、加粗"。

- 分别合并A17:E17、F17:G17、H17:I17单元格区域，然后设置数据内容居中显示，将表头数据格式设置为“加粗、白色”，并设置“黑色”底纹。
- 为A2:I17单元格区域添加“所有框线”边框样式。
- 将打印方向设置为“横向”，“缩放比例”设置为“120%”，页边距设置为“居中”，然后打印两份表格。

技巧提升

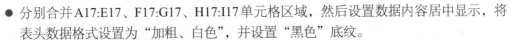

1. 输入以“0”开头的数字

默认状态下，以“0”开始的数据，在单元格中输入后却不能正确显示，此时可以通过相应的设置避免出现这种情况。其方法是，选择要输入如“0101”类型数字的单元格，然后打开“设置单元格格式”对话框，单击“数字”选项卡，在“分类”列表框中选择“文本”选项，然后单击确定按钮即可。

2. 输入11位以上的数字

在Excel表格中输入11位以上的数字时，单元格中将显示如“1.23457E+11”的格式，因此要输入11位以上的数字，如身份证号码，可以在“设置单元格格式”对话框的“数字”选项卡的“分类”列表框中选择“文本”选项，然后单击确定按钮应用设置，并在相应的单元格中输入11位以上的数字；还可直接在数字前面先输入一个英文单引符号“'”，将其转换成文本类型的数据，再输入11位以上的数字即可。图4–51所示为输入11位以上的身份证号码（18位数字）并正确显示。

	B	C	D	E	F
1	姓名	性别	联系地址	联系方式	身份证
2	蒋坚	男	绵阳市幸福大街26号	1382649****	
3	刘建国	男	成都市马家花园4楼202室	1380869****	1.10125E+17
4	周秀萍	女	成都市玉林北路16号	1379577****	
5	李海涛	男	北京市海淀区解放路82号	1379577****	'110125365487951236
6	赵倩	女	德阳市四威大厦A楼B座	1377818****	
7	谢俊	男	海市闸北区共和新路海文大	1377817****	
8	王涛	男	北京市海淀区长春桥路	1370569****	
9	孙丽娟	女	成都市第三军区医院	1594689****	
10	王英	女	重庆市长江滨江路8号	1592569****	
11	高小华	男	广州市中环西路100号	1325596****	
12	张丽	女	北京市海淀区解放路67号	1398523****	
13	卫顺	男	上海市江桥镇慧创国际B区	1596842****	
14	钱岱	男	福建市普安区化工路	1593841****	

图4–51　正确输入身份证号码

3. 在多个单元格中同时输入数据

如果需要在多个单元格中输入同一数据，采用直接输入的方法效率会比较低，此时可以采用批量输入的方法，首先选择需要输入数据的单元格或单元格区域，如果需输入数据的单元格中有不相邻的，可以按住【Ctrl】键逐一进行选择，然后在其编辑栏中输入数据，完成后按【Ctrl+Enter】组合键，数据就会被同时填充到所有选择的单元格中。

4. 在多个工作表中输入相同数据

当需要在多张工作表中输入相同数据时，首先选择需要填充相同数据的工作表，若要选择多张相邻的工作表，可先单击第一张工作表标签，然后按住【Shift】键再单击最后一张工作表标签；若要选中多张不相邻的工作表，则可先单击第一张工作表标签，然后按住【Ctrl】键再单击要选择的其他工作表标签。此时，在已选择的任意一张工作表内输入数据，则所有被选择的工作表的相同单元格均会自动输入相同数据。

5. 将单元格中的数据换行显示

要换行显示单元格中较长的数据时，可选择已输入长数据的单元格，将鼠标光标定位到需进行换行显示的位置，然后按【Alt+Enter】组合键；或在"对齐方式"组中单击"自动换行"按钮 ；或按【Ctrl+1】组合键，在打开的"设置单元格格式"对话框中单击"对齐"选项卡，单击选中 ☑ 自动换行(W) 复选框后单击 确定 按钮。

6. 定位单元格的技巧

通常使用鼠标就可以在表格中快速地定位单元格，而当需要定位的单元格位置超出了屏幕的显示范围，并且数据量较大时，使用鼠标光标可能会显得麻烦，此时可以使用快捷键快速定位单元格。下面介绍使用快捷键快速定位一些特殊单元格的方法。

- **定位A1单元格：** 按【Ctrl+Home】组合键可快速定位到当前工作表中的A1单元格。
- **定位已使用区域右下角单元格：** 按【Ctrl+End】组合键可快速定位到已使用区域右下角的最后一个单元格。
- **定位当前行数据区域的始末端单元格：** 按【Ctrl+→】或【Ctrl+←】组合键可快速定位到当前行数据区域的始末端单元格；多次按【Ctrl+→】或【Ctrl+←】组合键可定位到当前行的首端或末端单元格。
- **定位当前列数据区域的始末端单元格：** 按【Ctrl+↑】或【Ctrl+↓】组合键可快速定位到当前列数据区域的始末端单元格；多次按【Ctrl+↑】或【Ctrl+↓】组合键可定位到当前列的顶端或末端单元格。

7. 打印不连续的行或列区域

如果需要将一张工作表中部分不连续的行或列打印出来，可在表格中按住【Ctrl】键的同时，用鼠标左键单击行（列）标，选中不需要打印的多个不连续的行（列），并在其上单击鼠标右键，在弹出的快捷菜单中选择"隐藏"选项，将选择的行（列）隐藏起来，最后再执行打印操作就可以了。

PART 5

项目五
计算与管理表格数据

老洪：米拉，这次计算员工工资，制作工资表和工资条的工作就交给你了。

米拉：工资表要怎么制作呢？

老洪：工资表的制作，主要涉及员工工资组成部分的金额计算，这就需要用 Excel 的公式和函数来实现。

米拉：公式和函数是不是很复杂？我得好好琢磨琢磨！

老洪：办公中只需要掌握其中常用函数的使用，便可举一反三，了解其他函数的应用方法。所以，你不用担心，有什么问题随时可以问我。

学习目标

- 理解公式和函数计算表格数据的意义
- 掌握 RIGHT、TRUNC、YEAR、NOW、DAYS360、IF、SUM、OR、AND、VLOOKUP 等常用函数的应用方法
- 掌握使用公式和函数计算表格数据的一般方法
- 掌握排序、筛选和分类汇总等数据统计和管理的方法

技能目标

- 使用公式和函数计算工资表
- 统计"产品入库明细表"

任务一　使用公式和函数计算工资表

米拉首先查阅相关资料，查看工资的组成部分，了解制作工资表涉及的知识，然后找到以前的工资表，查看表格的组成，将员工工资表的基本信息进行录入。准备工作完成后，便开始计算相关工资数据。

一、任务目标

本任务将在Excel 2013中使用公式和函数计算员工工资表。首先，使用公式计算社保和公积金的代扣款金额，以及员工的年龄和工龄，然后在工资表中使用函数，引用不同工作簿或工作表中的单元格数据，来完成工资表中各项工资金额的计算。本任务计算完成后的工资表参考效果如图5-1所示。

员工工资明细表

工资结算日期：　2018年11月5日

员工代码	员工姓名	职位	基本工资	业绩提成	奖金	全勤奖	年功工资	迟到扣款	事假扣款	病假扣款	代扣社保和公积金	应发工资	代扣个税	实发工资
SM0001	陈欣然	技术员	4500	¥0.00	¥200.00	¥0.00	¥550.00	¥10.00	¥0.00	¥0.00	¥1,284.00	¥3,956.00	¥0.00	¥3,956.00
SM0002	李雪	销售经理	8000	¥4,125.00	¥200.00	¥200.00	¥500.00	¥0.00	¥0.00	¥0.00	¥1,284.00	¥11,741.00	¥464.10	¥11,276.90
SM0003	王盈	后勤	3000	¥0.00	¥200.00	¥0.00	¥400.00	¥0.00	¥30.00	¥0.00	¥1,284.00	¥2,286.00	¥0.00	¥2,286.00
SM0004	晶艳	技术员	4500	¥0.00	¥200.00	¥0.00	¥450.00	¥20.00	¥0.00	¥0.00	¥1,284.00	¥3,846.00	¥0.00	¥3,846.00
SM0005	曹冰	部门经理	6500	¥0.00	¥200.00	¥0.00	¥450.00	¥10.00	¥0.00	¥0.00	¥1,284.00	¥5,856.00	¥25.68	¥5,830.32
SM0006	古丽	行政主管	6000	¥0.00	¥300.00	¥200.00	¥500.00	¥0.00	¥0.00	¥0.00	¥1,284.00	¥5,716.00	¥21.48	¥5,694.52
SM0007	付姗姗	财务主管	6000	¥0.00	¥300.00	¥200.00	¥500.00	¥0.00	¥0.00	¥0.00	¥1,284.00	¥5,716.00	¥21.48	¥5,694.52
SM0008	肖在天	业务员	2500	¥1,760.00	¥100.00	¥0.00	¥400.00	¥20.00	¥0.00	¥0.00	¥1,284.00	¥3,456.00	¥0.00	¥3,456.00
SM0009	徐君	技术员	4500	¥0.00	¥200.00	¥0.00	¥200.00	¥0.00	¥60.00	¥0.00	¥1,284.00	¥3,556.00	¥0.00	¥3,556.00
SM0010	周小璐	前台接待	3000	¥0.00	¥200.00	¥0.00	¥250.00	¥30.00	¥0.00	¥0.00	¥1,284.00	¥2,136.00	¥0.00	¥2,136.00
SM0011	周娟	研究人员	8000	¥0.00	¥200.00	¥0.00	¥450.00	¥10.00	¥30.00	¥0.00	¥1,284.00	¥7,326.00	¥69.78	¥7,256.22
SM0012	吕明杰	设计师	5500	¥0.00	¥200.00	¥200.00	¥450.00	¥0.00	¥0.00	¥0.00	¥1,284.00	¥5,066.00	¥1.98	¥5,064.02
SM0013	陈骆	美工	4500	¥0.00	¥200.00	¥200.00	¥250.00	¥0.00	¥0.00	¥0.00	¥1,284.00	¥3,866.00	¥0.00	¥3,866.00
SM0014	姚明	部门主管	5500	¥0.00	¥200.00	¥0.00	¥350.00	¥20.00	¥0.00	¥0.00	¥1,284.00	¥4,746.00	¥0.00	¥4,746.00
SM0015	刘晓瑞	测试人员	5000	¥0.00	¥200.00	¥200.00	¥100.00	¥0.00	¥0.00	¥0.00	¥1,284.00	¥4,216.00	¥0.00	¥4,216.00
SM0016	肖凌云	摄像师	5000	¥0.00	¥200.00	¥0.00	¥300.00	¥40.00	¥0.00	¥0.00	¥1,284.00	¥4,176.00	¥0.00	¥4,176.00
SM0017	唐棠	业务员	2500	¥3,300.00	¥100.00	¥0.00	¥50.00	¥10.00	¥0.00	¥0.00	¥1,284.00	¥4,656.00	¥0.00	¥4,656.00
SM0018	向芸	研究人员	8000	¥0.00	¥200.00	¥200.00	¥650.00	¥0.00	¥0.00	¥0.00	¥1,284.00	¥7,766.00	¥82.98	¥7,683.02

员工工资明细表　销售业绩表　员工当月信息表　工资条

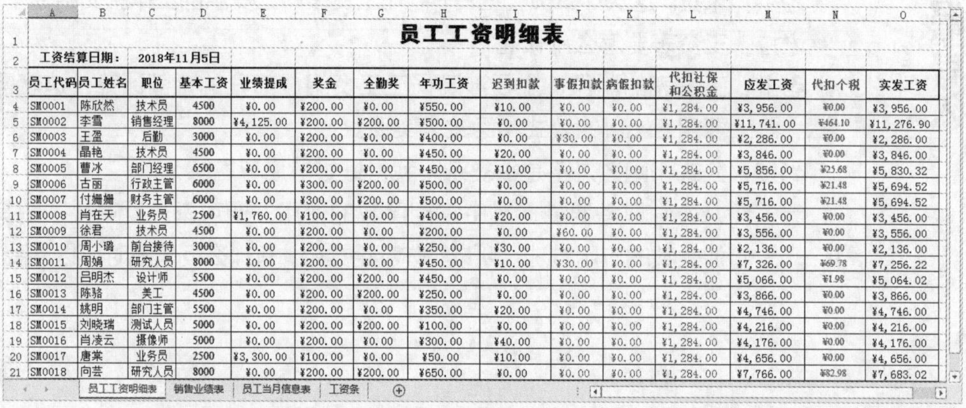

图5-1　工资表最终效果

通过本任务的学习，可掌握公式的输入和填充，引用单元格，RIGHT、TRUNC、YEAR、NOW、DAYS360、IF、SUM、OR、AND、VLOOKUP等常用函数的应用方法，并通过应用这些常用函数，掌握函数的使用原理和方法。

素材所在位置　素材文件\项目五\任务一\工资表

效果所在位置　效果文件\项目五\任务一\工资表

职业素养

社保和公积金以及个人所得税的计算

员工工资通常分为固定工资、浮动工资和福利工资3部分，其中固定工资是不变的，而浮动工资和福利工资会随着时间或员工表现而改变。不同的公司制定的员工工资管理制度不同，员工工资项目也不相同，因此应结合实际情况计算员工工资。

五险一金是指用人单位给予劳动者的几种保障性待遇的合称，包括养老保险、医疗保险、生育保险、失业保险、工伤保险，以及住房公积金，由企业和员工共同承担，各自分摊一定比例的费用。表5-1所示为某公司各项缴费标准占缴费工资的百分比。

表5-1　社保与公积金缴费比例

险种	养老保险	医疗保险	生育保险	失业保险	工伤保险	住房公积金
单位缴费比例	20%	8%	0.7%	2%	0.5%、1%或2%	6%~15%
个人缴费比例	8%	2%		1%		6%~15%
合计	28%	10%	0.7%	3%		个人与单位所缴比例相同

其中各项险种的月缴费基数如下。

● 养老保险应按上一年该省社会月平均工资为标准进行缴纳。

● 医疗保险、失业保险和工伤保险应按上一年该市社会平均工资为标准进行缴纳。

● 计算社保和住房公积金月缴费的基数一般为社会月平均工资的60%~300%。

按照国家规定，个人月收入超出规定的金额后，应依法缴纳一定数量的个人收入所得税，个人所得税计算公式为：应纳税所得额＝工资收入金额－各项社会保险费－起征点（新个税法于2019年1月1日起全面施行，将个税起征点提高到5000元）；应纳税额＝应纳税所得额×税率－速算扣除数。本例假设以5000元作为个人收入所得税的起征点，超过5000元的则根据超出额的多少按表5-2所示的现行工资和薪金所得适用的个人所得税税率进行计算。

表5-2　7级超额累进税率表

级数	全月应纳税所得额	税率	速算扣除数（元）
1	全月应纳税额不超过3000元的部分	3%	0
2	全月应纳税额在3000~12000元的部分	10%	210
3	全月应纳税额在12000~25000元的部分	20%	1410
4	全月应纳税额在25000~35000元的部分	25%	2660
5	全月应纳税额在35000~55000元的部分	30%	4410
6	全月应纳税额在55000~80000元的部分	35%	7160
7	全月应纳税额在80000元	45%	15160

二、相关知识

（一）认识公式与函数

公式和函数是使用Excel进行计算的基础，公式是Excel中进行计算的表达式，而函数则是系统预定义的一些公式，通过使用公式和函数，可对日期时间、数据的加减乘除等进行分析与计算，实现数据的自动化处理。表5-3详细介绍了公式与函数的结构。

表5-3　公式与函数的结构及参数范围

	公式	函数
书写格式	=B2+6*B3－A1	=SUM(A1:A6)
结构	由等号、运算符和参数构成	由等号、函数名、括号和括号里的参数构成

	公式	函数
参数范围	常量数值、单元格、引用的单元格区域、名称或工作表函数	常量数值、单元格、引用的单元格区域、名称或工作表函数

1. 认识公式

Excel中的公式是对工作表中的数据进行计算的等式，它以等号"="开始，其后是公式的表达式，其中可包含的项目如下。

- **单元格引用**：是指需要引用数据的单元格所在的位置，如公式"=B1+D9"中的"B1"表示引用第B列和第1行单元格中的数据。
- **单元格区域引用**：是指需要引用数据的单元格区域所在的位置。
- **运算符**：是Excel公式中的基本元素，用于对公式中的元素进行特定类型的运算。使用不同的运算符可进行不同的运算，如使用"+"（加）、"="（等号）、"&"（文本连接符）和","（逗号）等时，会显示不同的结果。
- **函数**：是指Excel中内置的函数，即通过使用一些称为参数的特定数值来按特定的顺序或结构执行计算的公式。其中的参数可以是常量数值、单元格引用和单元格区域引用等。
- **常量数值**：包括数字或文本等各类数据，如"0.5647""客户信息""Tom Vision"和"A001"等。

2. 认识函数

Excel将一组特定功能的公式组合在一起，形成了函数。利用公式可以计算一些简单的数据，而利用函数则可以很容易地完成各种复杂数据的处理工作，并简化公式的使用。

函数是一种在需要时可以直接调用的表达式，通过使用一些称为参数的特定数值来按特定的顺序或结构进行计算。函数的格式为：=函数名（参数1,参数2,…），其中各部分的含义介绍如下。

- **函数名**：即函数的名称，每个函数都有唯一的函数名，如SUM和SUMIF等。
- **参数**：是指函数中用来执行操作或计算的值，参数的类型与函数有关。

（二）引用单元格

在编辑公式时经常需要对单元格地址进行引用，一个引用地址代表工作表中一个或多个单元格或单元格区域。单元格和单元格区域引用的作用在于标识工作表上的单元格或单元格区域，并指明公式中所使用的数据地址。引用单元格的主要方法如下。

- **相对引用**：指相对于公式单元格位于某一位置的单元格引用。在相对引用中，复制相对引用的公式时，被粘贴公式中的引用将被更新，并指向与当前公式位置相对应的其他单元格。
- **绝对引用**：指把公式复制或移动到新位置后，公式中的单元格地址保持不变。利用绝对引用时引用单元格的列标和行号之前分别加入了符号"$"。如果在复制公式时不希望引用的地址发生改变，则应使用绝对引用。如图5-2所示，计算代扣社保和公积金时，在E2单元格中输入省平均工资"2600"，计算养老保险时公式为"2600*8%"，在C4:C9单元格中引用单元格时需要使用绝对引用E2单元格，即公式"=$E$2*8%"计算，结果如图5-3所示。

图5-2　输入绝对引用公式		图5-3　绝对引用方式计算结果	

使用快捷键转换引用格式

在引用的单元格地址前后按【F4】键可以在相对引用与绝对引用之间切换，如将鼠标光标定位到编辑栏中公式"=A1+A2"的"A1"地址的前面或后面，然后第1次按【F4】键将变为"$A$1"；第2次按【F4】键将变为"A$1"；第3次按【F4】键将变为"$A1"；第4次按【F4】键将变为"A1"。

- **混合引用**：指在一个单元格地址引用中，既有绝对引用，又有相对引用。如果公式所在单元格的位置改变，则绝对引用不变，相对引用改变。
- **引用同一工作簿中其他工作表的单元格**：工作簿中包含多张工作表，在一张工作表引用该工作簿中其他工作表中的数据的方法为：输入"工作表名称!单元格地址"，如引用工作表"销售数据表"中的A1单元格，公式应为"=销售数据表!A1"。
- **引用不同工作簿中的单元格**：对不同工作簿中的单元格进行引用，可使用"'工作簿存储地址[工作簿名称]工作表名称'!单元格地址"的方法来进行引用。如"=SUM('E:\My works\[员工销售业绩奖金管理表.xlsx]销售数据表:员工销售业绩奖金'!E5)"，表示计算E盘"My works"文件夹的"员工销售业绩奖金管理表"工作簿中"销售数据表"和"员工销售业绩奖金"工作表的所有E5单元格数值的总和。

三、任务实施

（一）使用公式计算代扣社保和公积金

由于养老保险应以上一年该省社会月平均工资为标准进行缴纳；医疗保险、失业保险和工伤保险以上一年该市社会平均工资为标准进行缴纳。本例设定企业所在地的上一年省平均工资为4800元，市平均工资为5000元，下面将以这两个数据为标准来计算员工应缴纳的社会劳动保障金和住房公积金金额。其具体操作如下。

微课视频

使用公式计算代扣
社保和公积金

（1）打开"社保和公积金扣款.xlsx"工作簿，选择C3单元格，在编辑栏中输入公式"=4800*8%"，按【Enter】键计算出该员工的养老保险个人缴费金额，如图5-4所示。

（2）移动鼠标指针到C3单元格边框的右下角上，待鼠标指针变成十字形状时，按住鼠标左键并向下拖动鼠标，当拖动至C20目标单元格后释放鼠标填充公式，计算其他员工的养老保险个人缴费金额，如图5-5所示。

（3）选择D3:D20单元格区域，在编辑栏中输入公式"=5000*2%"，按【Ctrl+Enter】组合键计算出员工的医疗保险个人缴费金额，如图5-6所示。

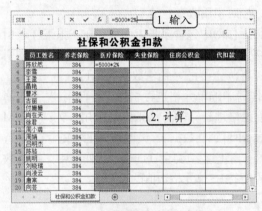

图5-4 计算养老保险应缴金额　　　　图5-5 填充公式

（4）选择E3:E20单元格区域，输入"=5000*1%"，计算员工的失业保险个人缴费金额；选择F3:F20单元格区域，输入"=5000*15%"，计算员工的住房公积金个人缴费金额，如图5-7所示。

图5-6 计算医疗保险应缴金额　　　　图5-7 计算失业保险和公积金应缴金额

（5）在G3单元格中输入公式"=C3+D3+E3+F3"，然后拖动鼠标填充公式至G20单元格，计算代扣款，如图5-8所示。

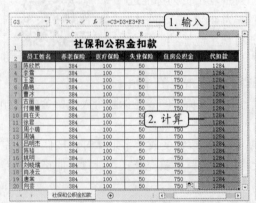

图5-8 计算代扣款

使用SUM函数计算代扣款

知识补充

计算代扣款时，也可选择在G3单元格中输入"=SUM（C3:F3）"，使用SUM函数计算。"=SUM（C3:F3）"表示对C3:F3单元格区域的数值进行求和。

（二）使用RIGHT和TRUNC函数计算年龄与工龄

员工的年龄和工龄经常需要进行记录，工龄涉及年功工资。手动计算员工的年龄和工龄稍显麻烦，且容易混淆和出错。下面将使用RIGHT、TRUNC函数结合时间函数YEAR、NOW和DAYS360来计算员工的实际年龄及工龄，其具体操作如下。

微课视频

使用RIGHT和TRUNC
函数计算年龄与工龄

（1）打开"员工基本信息表.xlsx"工作簿，在F3单元格中输入函数"=RIGHT(YEAR(NOW()-E3),2)"，按【Enter】键。

（2）将鼠标指针拖动到F3单元格边框的右下角上，待鼠标指针变成十字形状，按住鼠标左键并向下拖动鼠标，当鼠标拖至E20目标单元格后释放鼠标填充函数，计算各员工的实际年龄，如图5-9所示。

（3）在H3单元格中输入函数"=TRUNC((DAYS360(G3,NOW()))/360,0)"，按【Enter】键后填充函数至H20，计算所有员工的工龄，如图5-10所示。

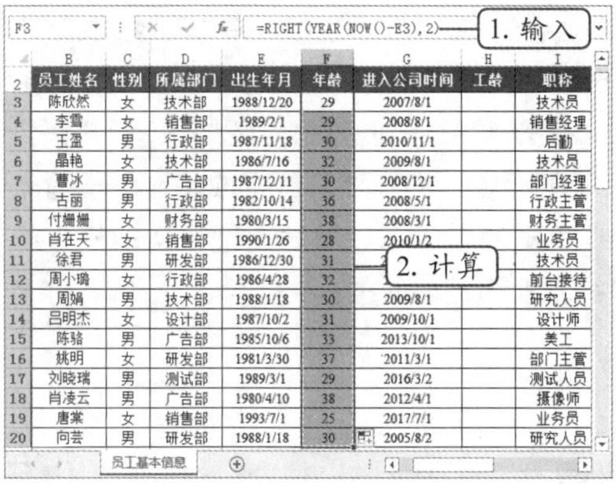

图5-9 计算员工年龄

图5-10 计算员工工龄

RIGHT、TRUNC、YEAR、NOW、DAYS360函数的应用

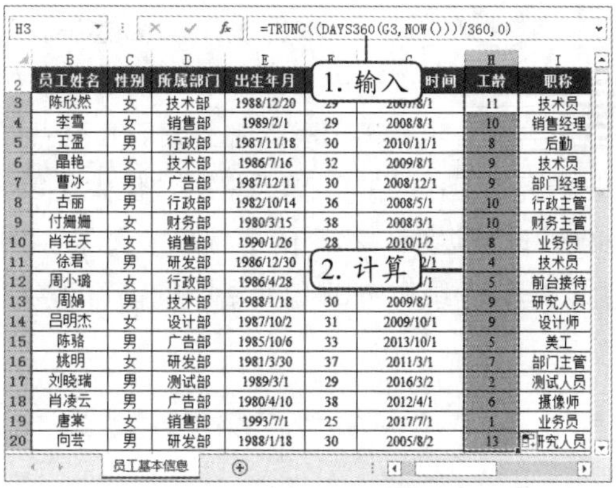

NOW函数用于获取当前的系统日期，其语法结构为NOW()；YEAR函数用于提取日期的年份，其语法结构为YEAR(serial_number)，serial_number是一个日期值，包含要查找的年份；RIGHT函数从字符串右端取指定个数字符，语法结构为RIGHT(string, n)。"=RIGHT(YEAR(NOW()-E3),2)"函数中，"YEAR(NOW()-E3)"表示返回当前日期减E3单元格中日期的年份，"=RIGHT(YEAR(NOW()-E3),2)"则表示返回年份中右侧的2个字符。DAYS360函数用于返回相差天数，即使用DAYS360函数计算员工工龄时，是通过计算当前日期与员工入职日期之间的天数，再按一年约360天的标准相除，得到员工的工龄。TRUNC函数可将数字的小数部分截去，返回整数，其语法结构为TRUNC(number, num_digits)，其中number表示需要截尾取整的数字；num_digits用于指定取整精度的数字，当值为0时不保留小数，值为1时保留1位小数。因此，案例中"=TRUNC((DAYS360(G3,NOW()))/360,0)"表示返回工龄值的整数部分。

（三）使用IF函数计算提成与奖金

IF函数是Excel中十分常用的一个逻辑函数。其语法结构为：IF（logical_test,value_if_true,value_if_false），可理解为"IF（条件，真值，假值）"，表示当"条件"成立时，返回"真值"，否则返回"假值"。下面在"工资表.xlsx"工作簿中使用IF函数计算员工业绩提成与奖金，其具体操作如下。

微课视频

使用IF函数计算
提成与奖金

（1）打开"工资表.xlsx"工作簿，切换到"员工工资明细表"工作表，首先在E4:E21单元格区域输入"0"，然后选择E5单元格，在编辑栏中输入"=IF(销售业绩表!G3>=100000, "3%", IF(销售业绩表!G3>=50000, "2%","1%"))*销售业绩表!G3"，按【Enter】键计算员工"李雪"的业绩提成金额，如图5-11所示。

操作提示

IF函数的应用

本例使用的函数中，"销售业绩表!G3"表示引用"销售业绩表"中G3单元格中的总销售额，如图5-12所示。"=IF(销售业绩表!G3>=100000, "3%",IF(销售业绩表!G3>=50000, "2%","1%"))*销售业绩表!G3"表示，"销售业绩表"工作表的G3单元格的数值大于等于100000时，返回"3%"的提成率；大于等于50000时，返回"2%"的提成率；否则，返回"1%"的提成率。然后通过返回的提成率乘以销售业绩表中G3单元格中的销售额数据，得到业绩提成数据。

图5-11　计算业绩提成

图5-12　销售业绩表

（2）分别在E11、E20单元格中输入"=IF(销售业绩表!G4>=100000, "3%", IF(销售业绩表!G4>=50000, "2%","1%"))*销售业绩表!G4"和"=IF(销售业绩表!G5>=100000, "3%", IF(销售业绩表!G5>=50000, "2%","1%"))*销售业绩表!G5"，计算员工"肖在天""唐棠"的业绩提成金额。

（3）选择F4单元格，在编辑栏中输入"=IF(C4="业务员",100,IF(OR(C4="行政主管",C4="财务主管"),300,200))"，计算员工固定奖金，其中"业务员"返回100元的奖金，"行政主管"和"财务主管"返回300元的奖金，其他职务奖金为200元，如图5-13所示。

（4）选择G4单元格，在编辑栏中输入"=IF(AND(员工当月信息表!D3=0，员工当月信息表!E3=0，员工当月信息表!F3=0),200,0)"，计算全勤奖，如图5-14所示。

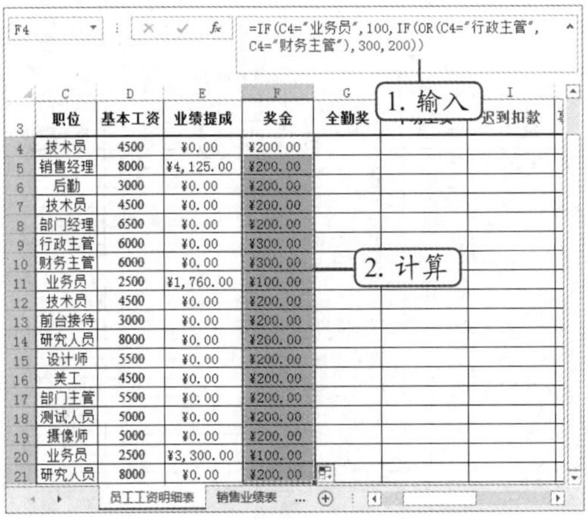

图5-13　计算奖金　　　　　　　　　　　　图5-14　计算全勤奖

OR和AND函数的应用

OR和AND函数属于逻辑函数。OR函数表示其中任意一个参数满足条件即返回"真值"；AND函数则要求所有参数满足条件时，返回"真值"。在本例中的"员工当月信息表"工作表中，"迟到""事假""病假"都为"0"次时，返回全勤奖"200"，否则为"0"，如图5-15所示。

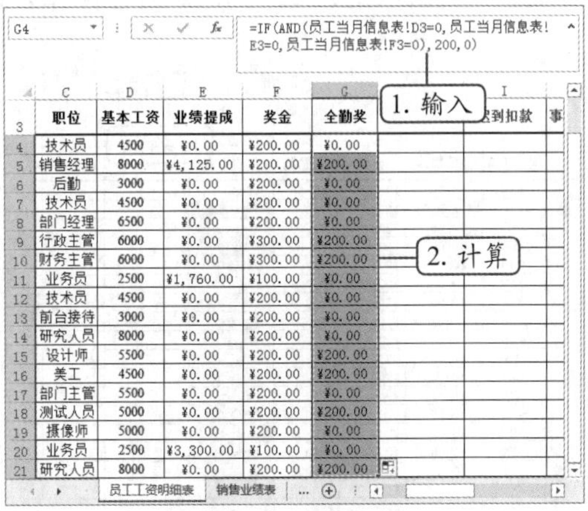

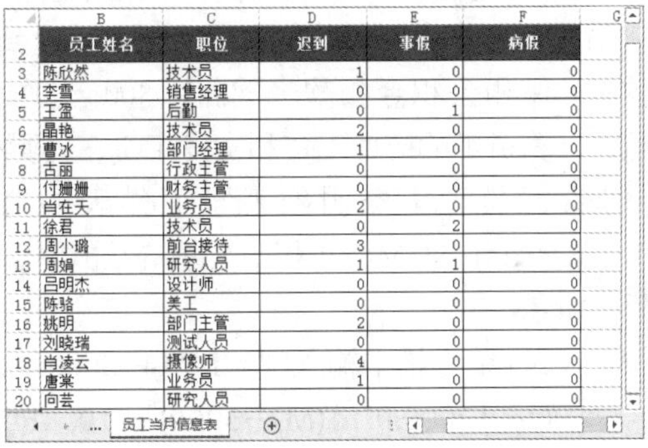

图5-15　"员工当月信息表"工作表

（四）引用单元格计算年功工资及扣款

要使用其他工作簿或工作表中的数据完成计算，引用单元格是较为快速和准确的方法。下面在"工资表.xlsx"工作簿中引用单元格计算年功工资及扣款，其具体操作如下。

（1）在"工资表.xlsx"工作簿的"员工工资明细表"工作表中选择H4单元格，在编辑栏中输入"='G:\Office 2013办公软件应用立体化教程\光盘\效果\项目五\任务一\[员工基本信息表.xlsx]员工基本信息'!H3*50"，然后填充公式至H21单元格，计算年功工资，即工龄1年年功工资为50元，如图5-16所示。

（2）选择I4单元格，在编辑栏中输入"=员工当月信息表!D3*10"，然后填充公式至I21单元格，计算迟到扣款，即迟到1次扣10元，如图5-17所示。

（3）在J4单元格中输入"=员工当月信息表!E3*30"，然后填充公式至J21单元格，计算事假

微课视频

引用单元格计算
年功工资及扣款

扣款，即事假1次扣30元；在K4单元格中输入"=员工当月信息表!F3*30"计算病假扣款；在L4单元格中输入"='G:\Office 2013办公软件应用立体化教程\效果\项目五\任务一\[社保和公积金扣款.xlsx]社保和公积金扣款'!G3"，计算社保和公积金扣款。

图5-16　计算年功工资　　　　　　　　　　图5-17　计算迟到扣款

（五）计算应发工资与实发工资

员工实发工资=应发工资-个人所得税，而应发工资=基本工资+业绩提成+奖金+全勤奖+年功工资-迟到扣款-事假扣款-病假扣款-社保和公积金扣款。下面以5000元作为个人收入所得税的起征点，计算员工的应发工资和实发工资，其具体操作如下。

（1）在"员工工资明细表"工作表的M4单元格中输入"=SUM(D4:H4)-SUM(I4:L4)"，并填充公式计算员工应发工资，如图5-18所示。

（2）在N4单元格中输入"=IF(M4-5000<0,0,IF(M4-5000<3000,0.03*(M4-5000)-0,IF(M4-5000<12000,0.1*(M4-5000)-210, IF(M4-5000<25000,0.2*(M4-5000)-1410,IF(M4-5000<35000,0.25*(M4-3500)-2660)))))"，计算代扣个税。

（3）在O4单元格中输入"=M4-N4"，并填充公式计算实发工资，如图5-19所示。

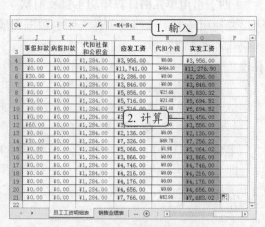

图5-18　计算应发工资　　　　　　　　　　图5-19　计算实发工资

使用IF函数计算代扣个税

本例中IF函数"=IF(M4-5000<0,0,IF(M4-5000<3000,0.03*(M4-5000)-0,IF(M4-5000<12000,0.1*(M4-5000)-210,IF(M4-5000<25000,0.2*(M4-5000)-1410,IF(M4-5000<35000,0.25*(M4-3500)-2660)))))"，其与7级税率表相结合。个人所得税等于"全月应纳所得税额×税率-速算扣除数"，这里用M4:M21单元格的实发工资数值减去税收起征点5000元得到全月应纳所得税额，判断其属于哪个缴纳等级，然后乘以对应的税率，再减去速算扣除数，得到个人所得税数值并返回N4:N21单元格。

（六）使用VLOOKUP函数制作工资条

员工工资条是企业发放给每一位员工的工资详细说明情况，工资条和工资表最显著的区别就是：工资条中的每位员工前都有表头内容。使用VLOOKUP函数能够快速制作出工资条，其具体操作如下。

微课视频

使用VLOOKUP函数制作工资条

（1）在"工资表.xlsx"工作簿中新建"工资条"工作表，将"员工工资明细表"工作表中的表头数据复制到新的工作表中，在A2单元格中输入"SM0001"。在B2单元格中输入"=VLOOKUP($A2,员工工资明细表!$A$3:$O$21,COLUMN(),)"，查找编号"SM0001"对应的员工姓名，如图5-20所示。

图5-20　输入函数查找员工姓名

（2）将B2单元格的函数填充到O2单元格中，将D2:O2单元格区域的格式设置为"货币"，且不显示小数位数，如图5-21所示。

图5-21　填充函数

COLUMN函数的应用

COLUMN函数用于返回所选择的某一个单元格的列数，其语法结构为"=COLUMN（reference)"，如果省略reference，则默认返回函数COLUMN所在单元格的列数，如在A列单元格中输入=COLUMN()，返回"1"，B列则返回2；如果输入"=COLUMN(D1)""=COLUMN(D2)"……，则返回"4"，即D列为第4列。

（3）选择A1:O2单元格区域，向下拖动鼠标填充函数得到其他员工的工资内容，如图5-22所示。打印表格后，进行裁剪即可得到每位员工的工资条。

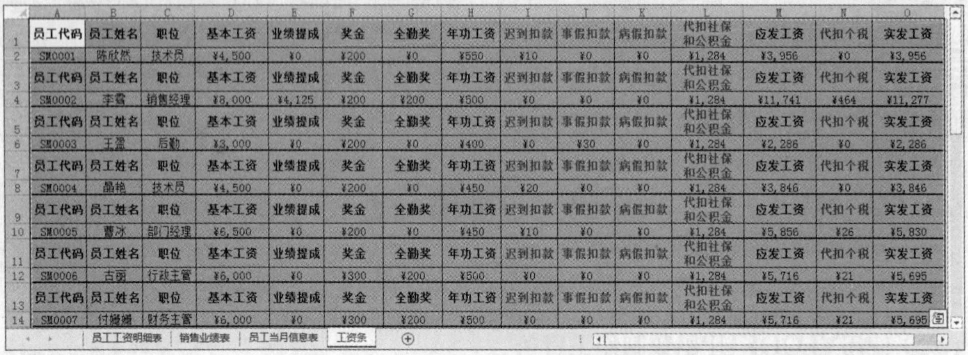

图5-22　制作工资条

操作提示

VLOOKUP 函数的应用

　　VLOOKUP函数是工作中比较常用的函数，也是一个比较难掌握的函数。其语法结构为：VLOOKUP(lookup_value,table_array,col_index_num, range_lookup)。第1个参数表示需要在数据表第1列中进行查找的数值；第2个参数表示要查找的区域；第3个参数表示返回数据在查找区域的第几列；第4个参数一般可不填，默认为精确匹配。本例中，在B2单元格中输入"=VLOOKUP($A2,员工工资明细表!A$3:$O$21,COLUMN(),)"表示，在B2单元格中返回在"员工工资明细表!A$3:$$O$21"单元格区域中查找到的B列中A2单元格的员工代码对应的员工姓名。与VLOOKUP函数相近的还有HLOOKUP，区别在于HLOOKUP函数用于查找某行中的数据。

任务二　统计"产品入库明细表"

　　由于米拉的工作做得非常出色，公司决定让米拉代替请假的库管工作几天时间。酒楼新入库了一批货物，希望米拉录入数据后，对数据情况进行管理分析，统计入库明细，随后做出报告。

一、任务目标

　　本任务将对"产品入库明细表"的表格数据进行统计分析。通过排序使数据项目层次清晰；通过筛选查看目标数据项目；通过汇总对入库的产品进行归类和汇总。

　　通过本任务的学习，可掌握统计分析表格数据的方法，包括数据的排序、筛选和分类汇总。本任务制作完成后的最终效果如图5-23所示。

　　素材所在位置　素材文件\项目五\任务二\产品入库明细表.xlsx
　　效果所在位置　效果文件\项目五\任务二\产品入库明细表.xlsx

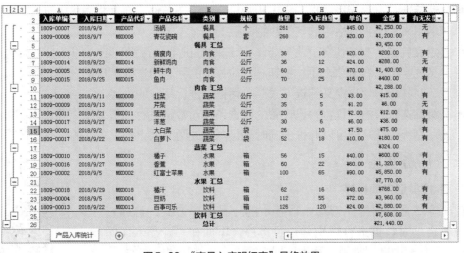

1 2 3		A	B	C	D	E	F	G	H	I	J	K
	2	入库单编▼	入库日期▼	产品代码▼	产品名称▼	类别▼	规格▼	数量▼	入库数量▼	单价▼	金额▼	有无发票▼
	3	1809-00007	2018/9/9	MK0007	汤锅	餐具	个	261	50	¥45.00	¥2,250.00	无
	4	1809-00006	2018/9/7	MK0006	青花瓷碗	餐具	套	268	60	¥20.00	¥1,200.00	有
	5					餐具 汇总					¥3,450.00	
	6	1809-00003	2018/9/5	MK0003	精瘦肉	肉食	公斤	36	10	¥20.00	¥200.00	有
	7	1809-00014	2018/9/23	MK0014	新鲜鸡肉	肉食	公斤	36	12	¥24.00	¥288.00	无
	8	1809-00005	2018/9/6	MK0005	鲜牛肉	肉食	公斤	60	20	¥70.00	¥1,400.00	有
	9	1809-00015	2018/9/25	MK0015	鱼肉	肉食	公斤	70	25	¥16.00	¥400.00	有
	10					肉食 汇总					¥2,288.00	
	11	1809-00008	2018/9/11	MK0008	韭菜	蔬菜	公斤	30	5	¥3.00	¥15.00	有
	12	1809-00009	2018/9/13	MK0009	芹菜	蔬菜	公斤	35	5	¥1.20	¥6.00	无
	13	1809-00011	2018/9/21	MK0011	蒜苗	蔬菜	公斤	30	8	¥12.00	¥12.00	有
	14	1809-00017	2018/9/27	MK0017	洋葱	蔬菜	公斤	30	6	¥6.00	¥36.00	有
	15	1809-00001	2018/9/2	MK0001	大白菜	蔬菜	袋	26	10	¥7.50	¥75.00	有
	16	1809-00017	2018/9/22	MK0012	白萝卜	蔬菜	箱	52	18	¥10.00	¥180.00	有
	17					蔬菜 汇总					¥324.00	
	18	1809-00010	2018/9/15	MK0010	橙子	水果	箱	56	15	¥40.00	¥600.00	有
	19	1809-00016	2018/9/27	MK0016	香蕉	水果	箱	60	22	¥60.00	¥1,320.00	有
	20	1809-00002	2018/9/5	MK0002	红富士苹果	水果	箱	100	65	¥90.00	¥5,850.00	有
	21					水果 汇总					¥7,770.00	
	22	1809-00018	2018/9/29	MK0018	橙汁	饮料	箱	62	16	¥48.00	¥768.00	有
	23	1809-00004	2018/9/5	MK0004	豆奶	饮料	箱	112	55	¥72.00	¥3,960.00	有
	24	1809-00013	2018/9/22	MK0013	百事可乐	饮料	箱	126	120	¥24.00	¥2,880.00	有
	25					饮料 汇总					¥7,608.00	
	26					总计					¥21,440.00	

产品入库统计

图5-23　"产品入库明细表"最终效果

职业素养

库存管理的含义

　　库存管理主要是指对仓库、账务、入库/出库类型、入库/出库单据进行管理，以便及时反映公司或企业的物资积压和流向、资金的占用情况等，为企业生产管理和成本核算提供依据。库存管理包含的表格种类较多，如采购单、送货单、退货单、收料单、发料单、领料单、退料单、入库单、出库单和库存汇总表等。分析产品入库明细表中的数据前，需要先根据各部门的采购申请单来输入产品入库的基本信息，然后对其进行核对，确保信息的准确性。

二、相关知识

（一）数据排序

　　数据排序是统计工作中的一项重要内容，在Excel中可将数据按照指定的顺序有规律地进行排序。一般情况下，数据排序分为3种情况：单列数据排序、多列数据排序、自定义排序，下面分别介绍。

- **单列数据排序**：单列数据排序即自动排序，是指在工作表中以一列单元格中的数据为依据，对工作表中的所有数据进行排序。
- **多列数据排序**：在多列数据排序时，需要以某个数据进行排列，该数据则称为"关键字"。以关键字进行排序，其他列中的单元格数据将随之发生变化。对多列数据进行排序时，首先需要选择多列数据对应的单元格区域，且先选择关键字所在的单元格，排序时就会自动以该关键字进行排序，未选择的单元格区域将不参与排序。
- **自定义排序**：使用自定义排序可以通过设置多个关键字对数据进行排序，并可以以其他关键字对相同排序的数据进行排序。

（二）数据筛选

　　数据筛选功能是对数据进行分析时常用的操作之一。数据筛选分为3种情况：自动筛选、自定义筛选、高级筛选，下面分别介绍。

- **自动筛选**：自动筛选数据即根据用户设定的筛选条件，自动将表格中符合条件的数据显示出来，而将表格中的其他数据隐藏。
- **自定义筛选**：自定义筛选是在自动筛选的基础上进行操作的，即在自动筛选后需自定义的字段名右侧单击下拉按钮 ▾，在弹出的列表中选择相应的选项，确定筛选条件后，在打开的"自定义筛选方式"对话框中进行相应的设置。
- **高级筛选**：若需要根据自己设置的筛选条件对数据进行筛选，则需要使用高级筛选功能。高级筛选功能可以筛选出同时满足两个或两个以上约束条件的记录。

三、任务实施

（一）按类别自动排序

微课视频

按类别自动排序

自动排序是数据排序管理中最基本的一种排序方式，选择该方式系统将自动对数据进行识别并进行排序。下面在"产品入库明细表.xlsx"工作簿中以"类别"列为依据进行排序，其具体操作如下。

（1）打开"产品入库明细表.xlsx"工作簿，在"产品入库统计"工作表中选择需排序列中"表头"数据下对应的任意单元格，这里选择E3单元格，然后在【数据】/【排序和筛选】组中单击"升序"按钮 ↓。

（2）此时，E3:E20单元格区域中的数据将按首个字母的先后顺序进行排列，且其他与其对应的数据也将自动进行排列，如图5-24所示。

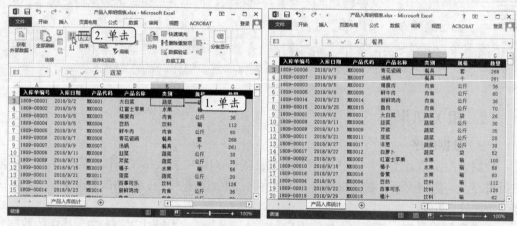

图5-24　按类别自动排序

（二）按关键字排序

按单个关键字排序可以理解为对某个字段（单列内容）进行排序，与自动排序方式较为相似，如需同时对多列内容进行排序，可以按多个条件排序功能实现排序，此时若第一个关键字的数据相同，就按第二个关键字的数据进行排序。下面在"产品入库明细表.xlsx"工作簿中按"类别"与"入库数量"两个关键字进行升序排列，其具体操作如下。

微课视频

按关键字排序

（1）选择需排序的单元格区域，这里选择A3:K20单元格区域，然后单击"数据"选项卡，在"排序和筛选"组中单击"排序"按钮 。

（2）在打开的"排序"对话框的"主要关键字"列表框中选择"类别"选项，在"排序依据"列表框中保持默认设置，在"次序"列表框中选择"升序"选项，然后单击 ^{↓↑}添加条件(A) 按钮，在"次要关键字"下拉列表框中选择"入库数量"选项，将"次序"设置为"升序"，完成后单击 确定 按钮。

（3）返回工作表中，可看到首先"类别"列的数据按升序排列，然后在按类别升序排列的基础上，再按"入库数量"数据升序进行排列，如图5-25所示。

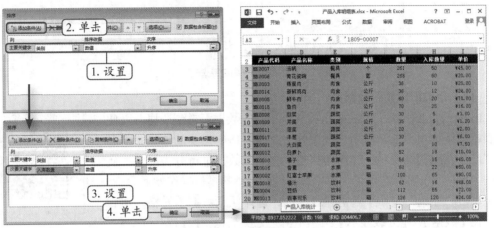

图5-25　多个关键字排序

汉字按笔画顺序排列

Excel中对中文姓名排序，字母顺序即按姓氏的首字母在26个英文字母中的顺序进行排列，对于相同的姓氏，依次计算姓名中的第二、三个字。如果要按照笔画顺序排列，可在"排序"对话框中单击 选项(O) 按钮，再在打开的"排序选项"对话框中选中 ⊙笔划排序(R) 单选项，单击 确定 按钮，排序规则主要依据笔画多少，相同笔画则按起笔顺序排列（横、竖、撇、捺、折）。

（三）设置条件进行高级筛选

高级筛选功能可以筛选出同时满足两个或两个以上约束条件的记录。下面在"产品入库明细表.xlsx"工作簿中高级筛选出类别为"肉食"，且没有发票的入库记录，其具体操作如下。

（1）在H22:I23单元格区域中分别输入筛选条件类别为"肉食"，有无发票为"无"。

（2）选择任意一个有数据的单元格，单击"数据"选项卡，在"排序和筛选"组中单击 ▼高级 按钮。

（3）在打开的"高级筛选"对话框的"列表区域"参数框中将自动选择参与筛选的单元格区域，然后将鼠标光标定位到"条件区域"参数框中，并在工作表中选择H22:I23单元格区域，完成后单击 确定 按钮，如图5-26所示。

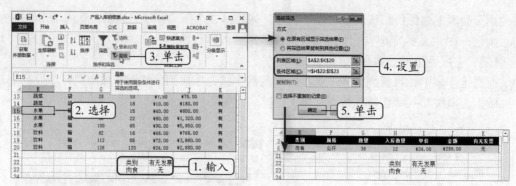

图5-26　高级筛选

（四）分类汇总显示数据

Excel的数据分类汇总功能是将性质相同的数据汇总到一块，以便使表格的结构更清晰，使用户能更好地查看表格中重要的信息。下面在"产品入库明细表"工作簿中根据"类别"数据进行分类汇总，使其按"餐具""肉食""蔬菜"等项目进行归类。其具体操作如下。

微课视频

分类汇总显示数据

（1）单击"筛选"按钮▼撤销高级筛选，选择任意数据单元格，然后在【数据】/【分级显示】组中单击"分类汇总"按钮▦。

（2）在打开的"分类汇总"对话框的"分类字段"列表框中选择"类别"选项，在"汇总方式"列表框中选择"求和"选项，在"选定汇总项"列表框中选中☑金额复选框，然后单击 确定 按钮。

（3）返回工作表中，可看到分类汇总后将对相同"类别"列的数据的"金额"进行求和，其结果显示在相应的类别数据下方，如图5-27所示。

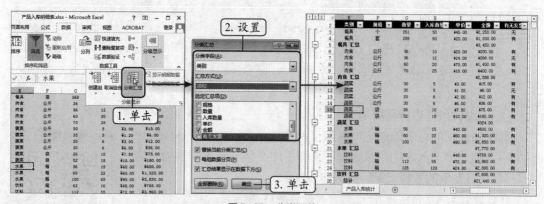

图5-27　分类汇总

知识补充

设置多重汇总与汇总方式

如果要设置多重汇总，在"选定汇总项"列表框中选中☑金额复选框，再选中☑入库数量复选框，可对金额和入库数量进行求和。在"汇总方式"下拉列表框中可选择"最大值""最小值""平均值"等选项，可更改汇总方式，显示数据汇总的"最大值""最小值""平均值"。

实训一　处理"提成统计表"数据

【实训要求】

本实训处理"提成统计表"数据，包括两部分，一是计算数据，二是排序数据。在计算数据时，首先观察数据，确定使用的公式或函数后再对数据进行计算。对于函数的使用，可进行反复尝试和修改，从而输入正确的公式。本实训制作完成后的效果如图5-28所示。

微课视频

处理"提成统计表"数据

素材所在位置　素材文件\项目五\实训一\提成统计表.xlsx
效果所在位置　效果文件\项目五\实训一\提成统计表.xlsx

设计师编号	姓名	职务	签单总金额	提成率	获得的提成	业绩评定
MH000009	南思蓉	设计师	24011	2.50%	600.275	不合格
MH000016	黄效忠	设计师	32010	2.50%	800.25	合格
MH000010	何久芳	设计师	36400	2.50%	910	合格
MH000007	肖萧	设计师	38080	2.50%	952	合格
MH000017	曹仁孟	设计师	43120	2.50%	1078	合格
MH000005	威严旭	设计师	45000	2.50%	1125	合格
MH000008	郭海	设计师	49999	2.50%	1249.975	合格
MH000006	艾香	设计师	49999	3.00%	1499.97	合格
MH000013	典韦	资深设计师	69770	3%	2093.1	良好
MH000011	秦东	资深设计师	79000	3%	2370	良好
MH000015	赵子云	资深设计师	86720	3%	2601.6	良好
MH000014	郭一嘉	资深设计师	87690	3%	2630.7	良好
MH000001	简灵	资深设计师	89090	3%	2672.7	良好
MH000012	徐晃之	资深设计师	99887	3%	2996.61	良好

图5-28　"提成统计表"最终效果

115

【专业背景】

如今，部分公司员工的工资都包括销售或业绩提成部分，因此就需要对员工的提成金额进行计算。提成统计表是针对公司业务员的业绩提成的统计，业务提成一般通过业绩签单乘以提成率获得，由于业务员的职务不同，其业绩签单和提成率是不同的。在管理数据时，还可以利用Excel的数据排序对数据大小进行依次排列，以便对业绩数据一目了然。

【实训思路】

完成本实训首先使用公式计算获得的提成金额，然后使用函数判断业绩评定，最后按关键字对数据进行排序。

【步骤提示】

（1）在"获得的提成"数据列的F3单元格中输入"=D3*E3"，再填充至该列其他单元格，计算提成金额。

（2）本例中"签单总金额"在100000元以上评定为优秀，50000~100000元为良好，30000~50000元为合格，小于30000元为不合格。在"业绩评定"数据列输入"=IF(D3>100000,"优秀",IF(D3>50000,"良好",IF(D3>30000,"合格","不合格")))"，计算业绩等级。

（3）将"提成率"作为主要关键字，"获得的提成"作为次要关键字，按升序排列。

实训二　管理"楼盘销售信息表"

【实训要求】

本例将对"楼盘销售信息表"工作簿中的数据进行管理，对楼盘数据进行排序、筛选开盘均价大于或等于5000元的记录，以便于推荐该类房源，让购房客户更好地进行综合选择。

本实训的最终效果如图5-29所示。

微课视频

管理"楼盘销售信息表"

图5-29　"楼盘销售信息表"最终效果

素材所在位置　素材文件\项目五\实训二\楼盘销售信息表.xlsx
效果所在位置　效果文件\项目五\实训二\楼盘销售信息表.xlsx

【专业背景】

楼盘销售信息表具有针对性、引导性和参考价值，在制作时要包括开发公司名称、楼盘位置、开盘价格及销售状况等信息，从中可看出哪一类房产卖得好，受到客户的欢迎，从而制定具有针对性的销售策略。

【实训思路】

完成本实训首先按"开发公司"进行分类，然后对"开盘均价"进行从高到低排序，最后对"开盘均价"和"已售"项的最大值进行汇总。

【步骤提示】

（1）打开"楼盘销售信息表.xlsx"工作簿，设置"主要关键字"为"开发公司"，将"次序"设置为"降序"选项，在"排序"对话框中单击 选项(O)... 按钮，在打开的"排序选项"对话框中选中 ⊙ 笔划排序(R) 复选框，按"笔画顺序"排列。

（2）分别在E21和E22单元格中输入"开盘均价"和">=5000"数据内容，设置筛选条件。使用高级筛选功能筛选出开盘均价大于等于5000元的房源记录。

（3）根据"开发公司"分类，设置"汇总方式"为"最大值"，对"开盘均价"和"已售"进行汇总。

课后练习

练习1：计算"员工绩效考核表"

下面将计算"员工绩效考核表"，根据绩效考核情况确定员工的奖金发放金额。考评内容根据公司考评内容不同而有所变化，一般包括员工假勤考评、工作表现和工作能力等方面。参考效果如图5-30所示。

微课视频

计算"员工绩效考核表"

	A	B	C	D	E	F	G	H	I	J
5	员工编号	员工姓名	假勤考评	工作表现	工作能力	奖惩记录	绩效总分	优良评定	年终奖金（元）	考核人
6	JM010	刘宇	29.32	33.88	32.56	8	103.76	A	15000	刘伟
7	JM011	王丹	28.98	35.68	33.60	7	105.26	A	15000	刘伟
8	JM012	刘丽	29.35	32.30	33.48	6	101.13	B	10000	刘伟
9	JM013	肖燕	26.36	32.88	35.40	4	98.64	C	5000	刘伟
10	JM014	杨慧	25.1	33.75	34.80	7	100.65	B	10000	刘伟
11	JM015	佟玲	29.25	34.90	33.83	8	105.98	A	15000	刘伟
12	JM016	向兰	28.69	34.30	33.60	6	102.59	A	15000	刘伟
13	JM017	侯佳	28.74	32.56	34.85	-3	93.15	C	5000	刘伟
14	JM018	赵铭	29.63	34.45	33.75	-3	94.83	C	5000	刘伟

年度员工绩效考核表

图5-30 "员工绩效考核表"最终效果

要求操作如下。

● 打开素材"员工绩效考核表.xlsx"，使用"=SUM(C6:F6)"函数计算绩效总分。

● 使用函数"=IF(G6>=102,"A",IF(G6>=100,"B","C"))"计算考核的优良评定。

● 使用函数"=IF(H6="A",15000,IF(H6="B",10000,5000))"根据优良评定计算年终奖。

练习2：管理"区域销售汇总表"

117

下面将打开素材文件"区域销售汇总表.xlsx"表格，使用记录单输入相应的数据内容，然后对相应数据进行排序和汇总，参考效果如图5-31所示。

素材所在位置 素材文件\项目五\课后练习\区域销售汇总表.xlsx

效果所在位置 效果文件\项目五\课后练习\区域销售汇总表.xlsx

	A	B	C	D	E	F	G	H
1			各区域产品销售汇总表				
2	序号	销售店	产品名称	单位	销售数量	单价	销售额
3	5	西门店	电冰箱	台	24	¥ 2,888.00	¥ 69,312.00
4	2	西门店	抽油烟机	台	53	¥ 666.00	¥ 35,298.00
5	4	西门店	电冰箱	台	98	¥ 1,280.00	¥ 125,440.00
6	20	西门店	微波炉	台	163	¥ 420.00	¥ 68,460.00
7	8	西门店	电饭锅	只	322	¥ 168.00	¥ 54,096.00
8		西门店 汇总			660		¥ 352,606.00
9	15	南门店	空调机	台	8	¥ 2,300.00	¥ 18,400.00
10	10	南门店	电热水壶	只	28	¥ 88.00	¥ 2,464.00
11	11	南门店	电热水器	台	32	¥ 580.00	¥ 18,560.00
12	18	南门店	台灯	台	160	¥ 75.00	¥ 12,000.00
13	13	南门店	风扇	台	230	¥ 50.00	¥ 11,500.00
14	17	南门店	煤气罐	只	345	¥ 38.00	¥ 13,110.00
15		南门店 汇总			803		¥ 76,034.00
16	15	东门店	空调机	台	17	¥ 2,300.00	¥ 39,100.00
17	6	东门店	电冰箱	台	24	¥ 2,888.00	¥ 69,312.00
18	3	东门店	抽油烟机	台	53	¥ 666.00	¥ 35,298.00
19	9	东门店	电饭锅	台	222	¥ 168.00	¥ 37,296.00
20	1	东门店	炒锅	只	330	¥ 118.00	¥ 38,940.00
21		东门店 汇总			646		¥ 219,946.00
22	7	北门店	电冰箱	台	23	¥ 1,280.00	¥ 29,440.00
23	19	北门店	台式燃气灶	台	29	¥ 720.00	¥ 20,880.00
24	12	北门店	电热水器	台	32	¥ 580.00	¥ 18,560.00
25	22	北门店	洗衣机	台	36	¥ 466.00	¥ 16,776.00
26	21	北门店	微波炉	台	63	¥ 420.00	¥ 26,460.00
27	14	北门店	风扇	台	430	¥ 50.00	¥ 21,500.00
28		北门店 汇总			613		¥ 133,616.00
29		总计			2722		¥ 782,202.00

各区域产品销售汇总表

图5-31 "区域销售汇总表"最终效果

微课视频

管理"区域销售汇总表"

要求操作如下。

- 打开素材文件“区域销售汇总表.xlsx”工作簿，添加“记录单”到“快速访问工具栏”中，然后输入数据信息。
- 以“销售店”为主要关键字降序排列，以“销售数量”为次要关键字升序排列。
- 以“销售店”为分类字段，汇总“销售数量”和“销售额”数据。

技巧提升

1. 用COUNTIFS函数按多个条件进行统计

COUNTIFS函数用于计算区域中满足多个条件的单元格数目。其语法结构为COUNTIFS (range1,criteria1,range2,criteria2,…)，其中“range1,range2,…”是计算关联条件的1~127个区域，每个区域中的单元格必须是数字或包含数字的名称、数组或引用，空值和文本值会被忽略；“criteria1, criteria2,…”是数字、表达式、单元格引用或文本形式的1~127个条件，用于定义要对哪些单元格进行计算。

图5-32所示为使用COUNTIFS函数统计每个班级参赛选手分数大于8.5、小于10分的人数，在表格中选择H3单元格，输入函数“=COUNTIFS(B3:G3,">=8.5",B3:G3,"<10")”，按【Enter】键便可求出一班分数大于等于8.5、小于10分的人数，然后复制函数至H12单元格中。

2. 使用RANK. AVG函数排名

RANK.AVG函数用于返回一个数字在数字列表中的排位，如果多个值相同，则返回平均值排位。数字的排位是其大小与列表中其他值的比值。其语法结构为：RANK. AVG(number,ref,order)。图5-33所示为使用RANK.AVG函数进行排名，函数“=RANK. AVG(H6,$H$6:$H$14,0)”表示H6单元格数值在$H$6:$H$14数据列中的排列名次。

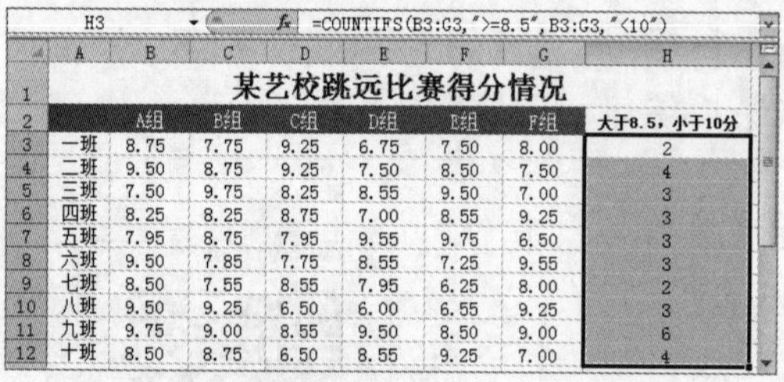

H3 =COUNTIFS(B3:G3,">=8.5",B3:G3,"<10")

某艺校跳远比赛得分情况							
	A组	B组	C组	D组	E组	F组	大于8.5，小于10分
一班	8.75	7.75	9.25	6.75	7.50	8.00	2
二班	9.50	8.75	9.25	7.50	8.50	7.50	4
三班	7.50	9.75	8.25	8.55	9.50	7.00	3
四班	8.25	8.25	8.75	7.00	8.55	9.25	3
五班	7.95	8.75	7.95	9.55	9.75	6.50	3
六班	9.50	7.85	7.75	8.55	7.25	9.55	3
七班	8.50	7.55	8.55	7.95	6.25	8.00	2
八班	9.50	9.25	6.50	6.00	6.55	9.25	3
九班	9.75	9.00	8.55	9.50	8.50	9.00	6
十班	8.50	8.75	6.50	8.55	9.25	7.00	4

图5-32　多个条件统计

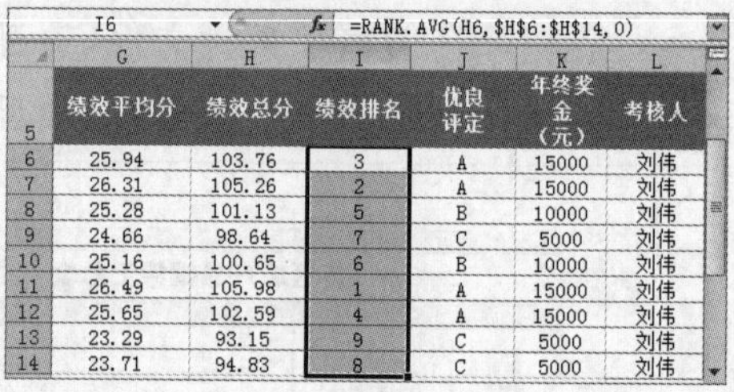

I6 =RANK.AVG(H6,$H$6:$H$14,0)

绩效平均分	绩效总分	绩效排名	优良评定	年终奖金（元）	考核人
25.94	103.76	3	A	15000	刘伟
26.31	105.26	2	A	15000	刘伟
25.28	101.13	5	B	10000	刘伟
24.66	98.64	7	C	5000	刘伟
25.16	100.65	6	B	10000	刘伟
26.49	105.98	1	A	15000	刘伟
25.65	102.59	4	A	15000	刘伟
23.29	93.15	9	C	5000	刘伟
23.71	94.83	8	C	5000	刘伟

图5-33　数字排位排列名次

3. 将筛选结果移动到其他工作表

高级筛选的复制功能只能将筛选结果复制到当前工作表中，如果在“高级筛选”对话框中的“复制到”文本框中输入其他工作表的引用位置，将弹出“只能复制筛选过的数据到活动工作表”的提示信息。因此，如需要将筛选结果存放在其他的工作表中，可先新建一个空白工作表，然后在该工作表中执行高级筛选操作，筛选区域和筛选条件引用源目标工作表中的单元格区域即可，其操作方法与进行高级筛选的方法相同。

PART 6

项目六
Excel 数据图表分析

老洪：米拉，快到年终了，公司决定制作一张图表分析近几年的产品销售情况，用于帮助公司分析未来的产品销售途径和销售地区的安排。

米拉：图表还能影响公司的决策？

老洪：当然，图表是Excel中重要的分析工具，它能够直观地显示表格数据，以及这些数据之间的关系。

米拉：那我可不能马虎，得仔细研究学习。不懂的地方，我可得向您请教。

老洪：没问题……

学习目标

- 掌握迷你图的创建与编辑
- 掌握图表的创建、编辑与美化操作
- 掌握数据透视图表的创建和编辑
- 掌握通过数据透视图表筛选分析数据的方法

技能目标

- 分析"产品销量统计表"
- 创建产品订单数据透视图表

任务一　分析"产品销量统计表"

既然制作的图表将影响公司的产品销售决策，如何分析"产品销量统计表"呢？其实万事开头难，老洪告诉米拉要分析"产品销量统计表"，只要掌握如何创建合适的图表，然后对图表进行编辑和美化即可。米拉明白，图表的创建与美化和其他Office办公软件一样，都是为了使数据达到一目了然、清晰直观的目的。

一、任务目标

本任务将在Excel 2013中使用迷你图和柱形图分析"产品销量统计表"，通过图表直观地展示表格数据内容，查看近几年销量的对比和走势。本任务制作完成后的参考效果如图6-1所示。

通过本任务的学习，可掌握常用图表创建与编辑、美化图表，以及利用图表和趋势线分析数据。

素材所在位置　素材文件\项目六\任务一\产品销量统计表.xlsx
效果所在位置　效果文件\项目六\任务一\产品销量统计表.xlsx

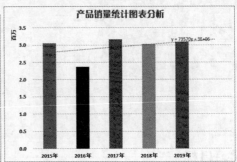

图6-1　"产品销量统计表"分析预测效果

职业素养

使用图表分析销售量的意义

"产品销量统计表"主要用于统计公司产品的销售情况，如统计各地区的销售量，各年度的销售量等。使用图表分析产品销售情况，可以直观地查看最近几年产品的销售趋势，以及哪个地区的销售量最高，从这些分析结果，可以对未来产品的销售重点做出安排，如是否继续扩大规模生产产品，哪里可以存放更多的产品进行售卖等。

二、相关知识

图表是Excel中重要的数据分析工具，它具有很好的视觉效果，可直观地表现较为抽象的数据，让数据显示更清楚、更容易被理解。图表中包含许多元素，默认情况下只显示其中部分元素，而其他元素则可根据需要添加。Excel提供了多种图表类型，包括柱形图、条形图、折线图、饼图等，根据不同的情况可选用不同类型的图表。下面介绍几种常用图表的类型及其适用情况。

- **柱形图**：通常用于显示一段时间内的数据变化或对数据进行对比分析，包括二维柱形图、三维柱形图、圆柱图、圆锥图和棱锥图等，在柱形图中，通常沿水平轴组织类别，沿垂直轴组织数值。
- **条形图**：通常用于显示各个项目之间的比较情况，排列在工作簿的列或行中的数据都可以绘制到条形图中。条形图包括二维条形图、三维条形图、圆柱图、圆锥图和棱锥图等，当轴标签过长，或者显示的数值为持续型时，都可以使用条形图。
- **折线图**：通常用于显示随时间（根据常用比例设置）而变化的连续数据，尤其适用于显示在相等时间间隔下数据的趋势，可直观地显示数据的走势情况。折线图包括二维折线图和三维折线图两种形式。在折线图中，类别数据沿水平轴均匀分布，所有值数据沿垂直轴均匀分布。当工作簿中的分类标签为文本且代表均匀分布的数值（如月、季度、年等）时，可使用折线图。
- **饼图**：仅排在表格的第一行或第一列中的数据能绘制到饼图中，饼图通常用于显示一个数据系列中各项数据的大小与各项总和的比例，包括二维饼图和三维饼图两种形式，其中的数据点显示为整个饼图的百分比。
- **面积图**：面积图可以显示出每个数值的变化，强调的是数据随着时间发生变化的幅度。包括二维面积图和三维面积图两种形式，货物通过面积图，可以直观地观察到整体和部分的关系。

三、任务实施

（一）使用迷你图查看数据

迷你图是简洁明了地变现数据分析变化的图表。下面在"产品销量统计表 .xlsx"工作簿中创建并编辑迷你图，其具体操作如下。

（1）打开素材文件"产品销量统计表 .xlsx"，选择 A11 单元格，输入数据"迷你图"，然后选择 B11:E11 单元格区域，单击"插入"选项卡，在"迷你图"组中单击"折线图"按钮 〰。

（2）系统自动将鼠标光标定位到打开的"创建迷你图"对话框的"数据范围"文本框中，然后在工作表中选择 B4:E9 单元格区域，完成后单击 确定 按钮，如图 6-2 所示。

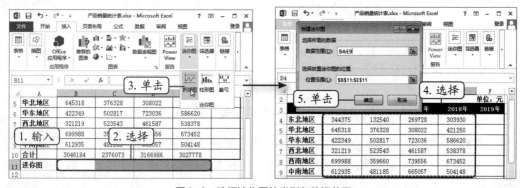

图6-2　选择迷你图的类型和数据范围

（3）返回工作表中可看到 B11:E11 单元格区域中创建的迷你图。然后保持选中 B11:E11 单元格区域，在"设计"选项卡的"显示"组中选中■标记复选框，如图6-3所示。

（4）在"设计"选项卡的"样式"组中单击下拉按钮▾，在弹出的下拉列表框中选择"迷你图样式深色#6"选项，如图6-4所示，返回工作表中可看到编辑后的迷你图效果。

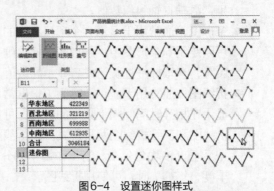

图6-3　显示标记　　　　　　　　　　　　图6-4　设置迷你图样式

编辑迷你图存放位置和数据源

在迷你图工具"设计"选项卡的"迷你图"组中单击"编辑数据"按钮下方下拉按钮▾，在弹出的下拉列表中选择"编辑组位置和数据"选项，可编辑创建的组迷你图中位置与数据；选择"编辑单个迷你图的数据"选项，可编辑单个迷你图的源数据区域。

（二）创建图表分析数据

Excel提供了多种图表类型，不同的图表类型所使用的场合各不相同，用户应根据实际需要选择适合的图表类型创建所需的图表。下面在"产品销量统计表.xlsx"工作簿中根据相应的数据创建柱形图，其具体操作如下。

微课视频

创建图表分析数据

（1）选择需创建图表的数据区域，这里同时选择B3:E3和B10:E10单元格区域（B10:E10单元格区域数据将作为横坐标轴，B3:E3单元格区域将形成绘图区，即对销售量做出统计），单击"插入"选项卡，在"图表"组中单击"插入柱形图"按钮▮▮▾，在弹出的列表中选择"三维簇状柱形图"选项。

（2）返回工作表中可看到创建的柱形图，且激活图表工具的"设计"和"格式"选项卡，如图6-5所示，通过柱形图可查看近几年销售量的对比情况。

通过"创建图表"对话框创建图表

单击"插入"选项卡，在"图表"组中单击"创建图表"按钮▣，将打开"创建图表"对话框，在其中可选择更多的图表类型和图表样式创建图表。

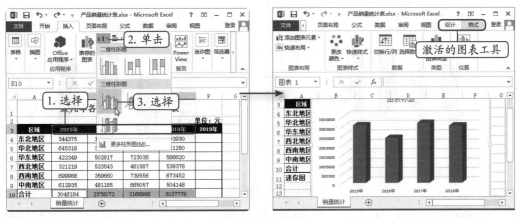

图6-5　创建图表

（三）编辑与美化图表

为了能在工作表中创建出满意的图表效果，可以对图表的位置、大小、图表类型、形状格式以及图表中的数据进行编辑与美化。下面在"产品销量统计表.xlsx"工作簿中编辑并美化创建的柱形图，其具体操作如下。

微课视频

编辑与美化图表

（1）将鼠标指针移动到图表区上，当鼠标指针变成形状后按住鼠标左键不放，拖动图表到所需的位置，这里将其拖动到数据区域的下方，到合适位置后释放鼠标，即可将图表移动到相应的目标位置，如图6-6所示。

（2）在图表上方选中"图表标题"文本框，在其中选择文本"图表标题"，然后输入文本"产品销量统计图表分析"，并在【开始】/【字体】组中将字体设置为"方正粗倩简体、深红、16"，如图6-7所示。

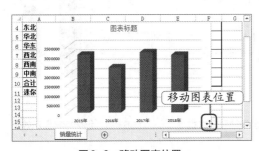

图6-6　移动图表位置

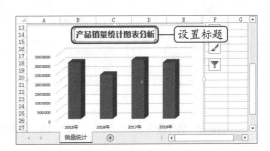

图6-7　输入并编辑图表标题

操作提示

添加或隐藏图表的标签

单击"设计"选项卡，在"图表布局"组中单击 添加图表元素 按钮，在弹出的列表中选择相应的选项，可添加或隐藏图表标题、坐标轴标题、图例、数据标签等标签元素，并设置其显示位置。

（3）将鼠标指针移动到图表区右下角上，当其变成形状后按住鼠标左键不放，拖动鼠标将图表放大，此时鼠标指针变为十形状，至合适大小后释放鼠标，如图6-8所示。

123

项目六　Excel 数据图表分析

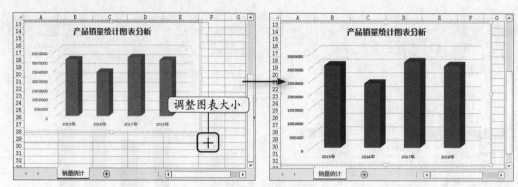

图6-8　调整图表大小

（4）在纵坐标轴上单击鼠标右键，在弹出的快捷菜单中选择"设置坐标轴格式"命令，如图
　　　6-9所示。

（5）在右侧打开"设置坐标轴格式"任务窗格，在"坐标轴选项"选项卡中单击"坐标
　　　轴选项"按钮 ▄▄。然后，在"显示单位"下拉列表框中选择"百万"选项，再选中
　　　☑ 在图表上显示刻度单位标签(S)复选框，设置纵坐标轴的刻度单位及其显示位置。

（6）向下拖动"设置坐标轴格式"右侧的滑块，展开"数字"栏，在"类别"下拉列表框中
　　　选择"数字"选项，在"小数位数"数值框中输入"1"，使纵坐标轴的刻度显示1位小
　　　数，如图6-10所示。

（7）关闭"设置坐标轴格式"任务窗格返回工作表，此时纵坐标轴的显示效果如图6-11所示。

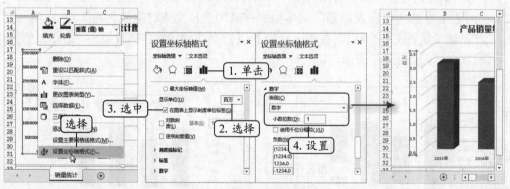

图6-9　执行命令　　　　　图6-10　设置纵坐标轴显示格式　　　　图6-11　纵坐标轴显示效果

分别设置图表组成元素格式

　　　　在图表的组成元素上单击鼠标右键，如绘图区、图表区等，在弹出
的快捷菜单中选择对应的设置格式命令，打开其格式设置对话框，可设
置其格式。

（8）在纵坐标轴上单击鼠标右键，在弹出的快捷菜单中选择"字体"命令，打开"字体"对
　　　话框，单击"字体"选项卡，在"字体样式"下拉列表框中选择"加粗"选项，在"大
　　　小"数值框中输入"10"，在"字体颜色"下拉列表框中选择"黑色，文字1"选项，然

后单击 确定 按钮关闭对话框，确认坐标轴字体设置，然后利用相同方法设置纵坐标轴的单位和横坐标轴的字体，效果如图6-12所示。

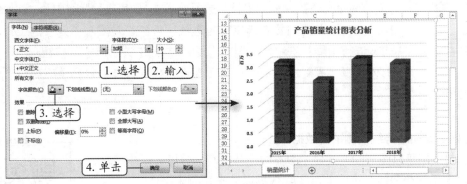

图6-12　设置坐标轴的字体格式

（9）在绘图区的形状上单击鼠标，选择形状系列，再次单击鼠标选择单个形状，然后单击"格式"选项卡，在"形状样式"组中单击 形状填充 按钮右侧的下拉按钮，在弹出的下拉列表中选择"橙色，强调文字颜色6，深色，25%"选项，填充绘图区形状的颜色，如图6-13所示。

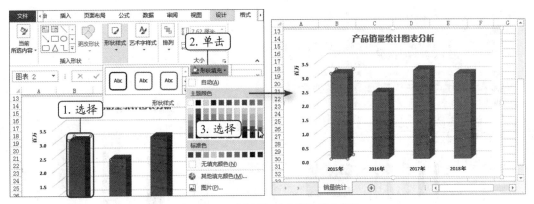

图6-13　设置绘图区中形状的填充颜色

（10）利用相同方法，依次将其他绘图区中的形状颜色设置为"深蓝""红色"和"橄榄色，着色3"，效果如图6-14所示。

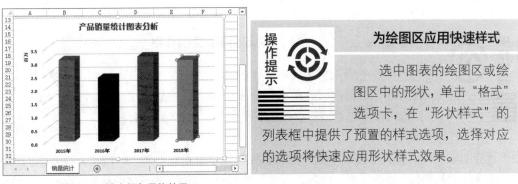

图6-14　填充颜色最终效果

操作提示

为绘图区应用快速样式

选中图表的绘图区或绘图区中的形状，单击"格式"选项卡，在"形状样式"的列表框中提供了预置的样式选项，选择对应的选项将快速应用形状样式效果。

快速学设置图表组成元素格式

选中图表后，单击"设计"选项卡，在"图表布局"组中单击 快速布局▾ 按钮，在弹出的列表中选择对应选项，可快速对图表中元素的位置、格式等进行布局；在"图表样式"组中单击"快速样式"按钮 ，在弹出的列表中选择对应选项，可对图表进行样式设置，包括填充颜色、轮廓颜色和形状效果等。

（四）添加趋势线预测销售数据

趋势线用于以图形的方式显示数据的趋势并帮助分析、预测问题。在图表中添加趋势线，可延伸至实际数据以外来预测未来值。下面在"产品销量统计表.xlsx"工作簿的图表中添加趋势线，其具体操作如下。

微课视频

添加趋势线预测
销售数据

（1）选择图表，在"设计"选项卡的"类型"组中单击"更改图表类型"按钮 ，打开"更改图表类型"对话框。在"所有图表"选项卡左侧选择"柱形图"选项，然后选择"簇状柱形图"选项，单击 确定 按钮，将三维簇状柱形图更改为二维簇状柱形图，如图6-15所示。

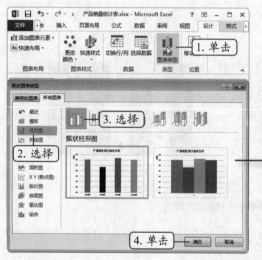

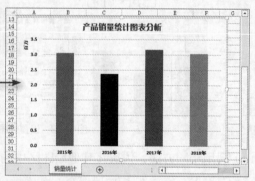

图6-15　更改图表类型

更改图表类型的作用

更改图表类型是编辑图表的常用操作，当对图表类型不满意时可进行更改，这里将三维簇状柱形图更改为二维簇状柱形图，是因为三维图形无法添加趋势线。更改图表类型后，格式设置将保留。

（2）选择图表，在"设计"选项卡的"图表布局"组中单击 添加图表元素▾ 按钮，在弹出的列表中选择"趋势线/线性预测"选项，添加线性预测趋势线，如图6-16所示。

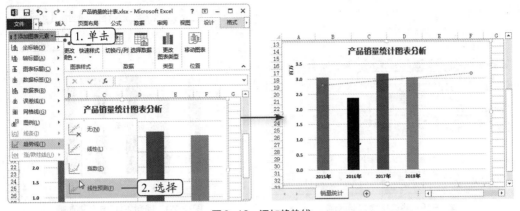

图6-16　添加趋势线

（3）在添加的趋势线上单击鼠标右键，在弹出的快捷菜单中选择"设置趋势线格式"命令。

（4）打开"设置趋势线格式"任务窗格，单击"趋势线选项"按钮■，在"趋势线名称"栏中选中●自定义(C)单选项，在其后的文本框中输入"预测2019年销量"，在"趋势预测"栏的"向前"数值框中输入"1"，向前预测一个数据。然后选中☑显示公式(E)复选框，如图6-17所示，返回工作表中将显示出趋势线对应的公式"y = 73570x + 3E+06"。

（5）要在工作表中显示出趋势线的预测结果，可先选择图表区，在图表工具的"设计"选项卡的"数据"组中单击"选择数据"按钮▦，如图6-18所示。

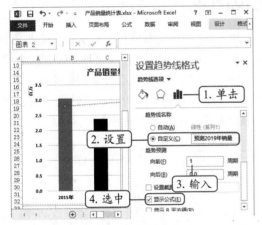

图6-17　设置趋势线选项

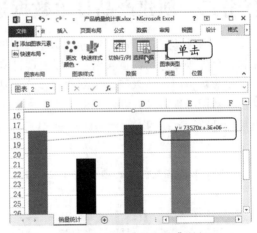

图6-18　单击"选择数据"按钮

（6）在打开的"选择数据源"对话框中自动选择"图表数据区域"文本框中的数据，将"=销量统计!$B$3:$E$3,销量统计!$B$10:$E$10"修改为"=销量统计!$B$3:$F$3,销量统计!$B$10:$F$10"，将B3:E3、B10:E10数据源修改为B3:F3、B10:F10，然后单击 确定 按钮，如图6-19所示，在工作表的图表区域的横坐标轴上可看到添加的数据系列。

（7）在工作表中选择F10单元格，依次输入与预测值相近的数据，直到图表中的公式与"y=73570x+3E+06"相近时，即可预测出2019年的总销售额为"3088180"，如图6-20所示。

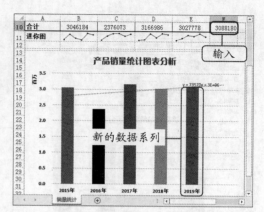

图6-19　更改图表数据区域　　　　　　　　　图6-20　预测2019年总销售额

趋势线格式设置

知识补充

对添加的默认趋势线格式进行设置时，可选择"格式"选项卡，在"形状样式"组中单击 形状轮廓·按钮，可设置趋势线的颜色、粗细以及箭头样式等；单击 形状效果·按钮可设置趋势线效果样式。

128

任务二　创建产品订单数据透视图表

　　米拉看着庞杂的产品订单原始数据（见图6-21），对于其数据分析一筹莫展。老洪告诉米拉，首先观察这份数据表格，可以发现订购日期或所在城市数据列中含有相同的内容。在分析这类数据时，可以通过数据透视表基于某项数据进行汇总，与前面介绍的分类汇总功能相比，数据透视表具有更强大的功能，能够对更复杂的数据进行汇总分析，使数据一目了然，然后通过数据透视图直观地表现数据，以及筛选分析各类数据，如不同城市的订单总额等。

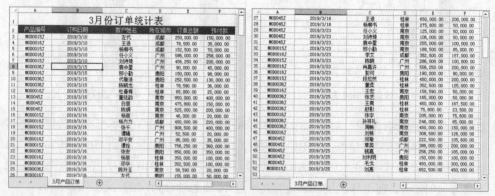

图6-21　产品订单原始数据

一、任务目标

　　本任务将在"产品订单分析表.xlsx"工作簿中创建数据透视表，并通过数据透视表查看和筛选订单数据，完成后根据数据透视表创建数据透视图，使订单数据以图表的形式展示出来。

通过本任务的学习，可掌握通过数据透视图表分析数据的方法。本任务制作完成后的最终效果如图6-22所示。

素材所在位置	素材文件\项目六\任务二\产品订单分析表.xlsx
效果所在位置	效果文件\项目六\任务二\产品订单分析表.xlsx

 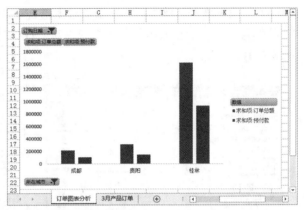

图6-22　产品订单数据透视图表最终效果

采用数据透视图表分析订单的优势

当产品订单的数据量较大，涉及的分类元素较多时，通过图表来表现订单的数据内容，不能充分展现数据之间的关系。此时可通过数据透视表对产品进行汇总，如分析同一产品的订单总额、订单总额的平均额，或预付款的总额与平均额；除此之外，还可通过数据透视图筛选订单数据，对比所在城市的订单额等，从而让其分析更加灵活，帮助用户进行预测和决策。

二、相关知识

要灵活地运用数据透视图表，首先要掌握数据透视图表的定义，并了解它们之间的关系。

- **数据透视表**：数据透视表是一种可以快速汇总大量数据的交互式报表，是Excel中重要的分析性报告工具，在办公中不仅可以汇总、分析、浏览和提供摘要数据，还可以快速合并和比较分析大量的数据。
- **数据透视图**：数据透视图和数据透视表是动态关联的，数据透视图是以图表的形式表示数据透视表中的数据。与数据透视表一样，在数据透视图中可查看不同级别的明细数据，并且还具有图表直观地表现数据的优点。

三、任务实施

（一）创建数据透视表

创建数据透视表的方法很简单，只需连接到相应的数据源，并确定报表创建位置。下面在"产品订单分析表.xlsx"工作簿中创建数据透视表，其具体操作如下。

微课视频

创建数据透视表

129

（1）打开"产品订单分析表.xlsx"工作簿，选择A2:F52单元格区域，选择【插入】/【表格】组，单击"数据透视表"按钮 。

（2）在打开的对话框的"选择放置数据透视表的位置"栏中选中 现有工作表(E) 单选项。单击"位置"文本框右侧的"折叠"按钮 ，在表格中选择A54单元格，单击"展开"按钮 ，设置透视表放置位置，单击 确定 按钮，插入空白的数据透视表。

（3）在"数据透视表字段"任务窗格的"选择要添加到报表的字段"列表框中选中 产品编号、 所在城市、 订单总额 和 预付款 复选框添加数据透视表的字段，完成数据透视表的创建，按"产品编号"和"所在城市"分类汇总，对"订单总额"和"预付款"进行求和，如图6-23所示。

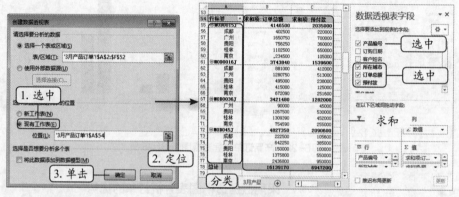

图6-23　创建数据透视表

选择数据透视表的数据源

　　在创建数据透视表时，数据源中的每一列都会成为在数据透视表中使用的字段，字段汇总了数据源中的多行信息。因此数据源中工作表第一行上的各个列都应有名称，通常每一列的列标题将成为数据透视表中的字段名。

（二）使用数据透视表分析数据

　　使用数据透视表分析表格数据，一般采用两种方法。一是更改值的汇总依据，将默认对数据进行求和的汇总方式更改为计算同类产品中的最大/最小值或平均值；二是更改值的显示方式，如以百分比显示数据。同时，可在字段分类中筛选需要的数据。下面在"产品订单分析表.xlsx"的数据透视表中查看不同产品在不同城市预付款的百分比，并筛选出订单额大于"500000"的项目，其具体操作如下。

微课视频

使用数据透视表
分析数据

（1）在"产品订单分析表.xlsx"的数据透视表的"求和项：预付款"字段上单击鼠标右键，在弹出的快捷菜单中选择【值显示方式】/【父行汇总的百分比】命令，显示各项预付款在同类产品预付款总额的占比，如编号为"MOD0015J"的产品成都地区的预付款占该款产品总的预付款额度的"10.81%"，如图6-24所示。

图6-24　显示同一产品不同城市预付款的百分比

更改值的汇总依据

在"求和项：预付款"字段上单击鼠标右键，在弹出的快捷菜单中选择"值汇总依据"命令，在其子菜单中选择"最大值""最小值""平均值"等命令，将对应显示预付款的最大值、最小值和平均值。

（2）在数据透视表的"行标签"单元格中，单击右侧的"筛选"按钮▼，在打开对话框的"选择字段"下拉列表框中选择"所在城市"字段，然后选择"值筛选／大于"选项，如图6-25所示。

（3）打开"值筛选（所在城市）"对话框，依次在下拉列表框中选择"求和项：订单总额"和"大于"选项，在后面的文本框中输入"500000"，单击　确定　按钮。此时，在数据透视表中筛选出基于所在城市其订单总额大于50万元的数据项目，如图6-26所示。

图6-25　执行筛选命令

图6-26　设置条件筛选数据

根据字段筛选

单击"筛选"按钮▼，打开对话框后，在其下方对应显示各个城市的复选框，取消选中某个复选框，将隐藏对应城市的数据项目。将"选择字段"选择为"产品编号"时，这些复选框将显示为编号对应的复选框选项。

项目六　Excel数据图表分析

131

（三）创建并编辑数据透视图

数据透视图不仅具有数据透视表的交互功能，还具有图表的图示功能，利用它可以直观地查看工作表中的数据，有利于分析与对比数据。下面在"产品订单分析表.xlsx"工作簿中创建数据透视图，然后设置数据透视图中图表样式以及图表中各元素的格式等，其方法与图表的编辑方法相同，其具体操作如下。

创建并编辑数据透视图

（1）选择A2:F52单元格区域，选择【插入】/【图表】组，单击"数据透视图"按钮 📊。在打开对话框的"选择放置数据透视图的位置"栏中选中 ⦿ 新工作表(N)单选项，单击 确定 按钮。

（2）在"数据透视表字段"列表任务窗格的"选择要添加到报表的字段"列表框中，分别选中 ☑ 订购日期、☑ 所在城市、☑ 订单总额 和 ☑ 预付款 复选框，添加数据透视图的字段，完成数据透视图的创建，如图6-27所示。

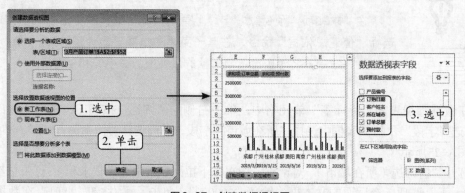

图6-27　创建数据透视图

（3）关闭"数据透视表字段"列表任务窗格，将鼠标指针移到图表的右下角，拖动鼠标调整图表大小，如图6-28所示。

（4）在【设计】/【图标布局】组中单击 📊添加图表元素 ▾按钮，在弹出的列表中选择"网格线/更多网格线选项"选项，如图6-29所示。

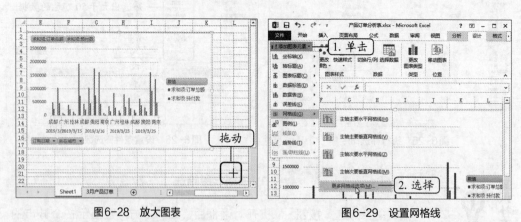

图6-28　放大图表　　　　　图6-29　设置网格线

（5）打开"设置主要网格线格式"任务窗格，单击"填充线条"按钮 🔷，选中 ⦿ 无线条(N)单选项，如图6-30所示。

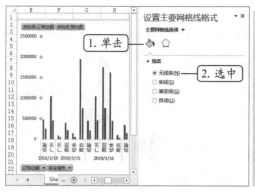

图6-30 隐藏网格线

根据数据透视表创建透视图

选择数据透视表中的任意单元格，在"分析"选项卡的"工具"组中单击"数据透视图"按钮 。在打开的"插入图表"对话框中选择图表类型，可根据数据透视表快速创建透视图。

（四）通过数据透视图筛选数据

在数据透视图中分布了多个字段标题按钮，通过这些按钮可对数据透视图中的数据系列进行筛选，只显示需要观察的数据。下面在"产品订单分析表.xlsx"数据透视图中，筛选出日期为"2019/3/25"，"成都""贵阳""桂林"几个城市的订单数据，其具体操作如下。

（1）选中数据透视图，单击鼠标右键，在弹出的快捷菜单中选择"显示字段列表"命令，打开"数据透视表字段"任务窗格。

（2）在"轴（类别）"列表中单击"订购日期"字段右侧的下拉按钮，在弹出的列表中选择"移动到报表筛选"选项，如图6-31所示，将"订购日期"字段从坐标轴系列移动到报表筛选。

（3）关闭"数据透视表字段"任务窗格。单击 订购日期 字段按钮，在弹出的列表框中选择"2019/3/25"选项，单击 确定 按钮，如图6-32所示，筛选出"2019/3/25"的订单总额和预付款。

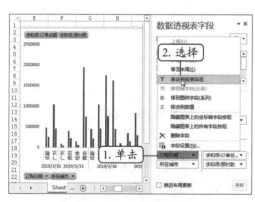

图6-31 移动字段位置

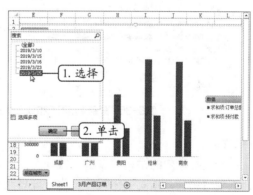

图6-32 按日期筛选

（4）单击 所在城市 字段按钮，在弹出的列表框中取消选中□广州和□南京复选框，单击 确定 按钮，如图6-33所示，筛选出2019年3月25日"成都""贵阳""桂林"的订单总额和预付款，如图6-34所示。

（5）将数据透视图所在的工作表重命名为"订单图表分析"，然后保存工作簿，完成本任务的操作。

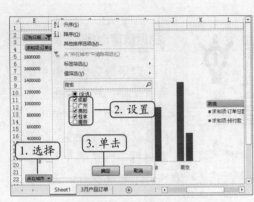

图6-33　按城市筛选

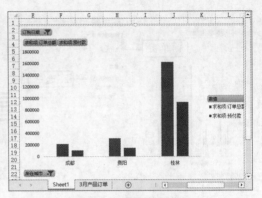

图6-34　查看筛选结果

实训一　制作"每月销量分析表"

【实训要求】

本实训要求制作每月销量分析表，可以在已有的工作表中根据相应的数据区域使用迷你图、条形图、数据透视表分析数据。本实训的最终效果如图6-35所示。

素材所在位置　素材文件\项目六\实训一\每月销量分析表.xlsx

效果所在位置　效果文件\项目六\实训一\每月销量分析表.xlsx

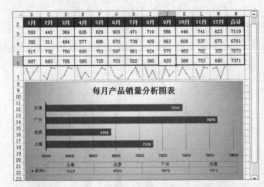

图6-35　分别使用图表和数据透视表分析每月销量数据的最终效果

【专业背景】

对一定时期内的销售数据进行统计与分析，不仅可以掌握销售数据的发展趋势，而且可以详细观察销售数据的变化规律，为管理者制定销售决策提供数据依据。在本例中将按月分析每个区域的销量分布情况。

【实训思路】

完成本实训可在提供的素材文件中根据数据区域使用迷你图分析每月各区域的销量情况，使用条形图分析年度各区域的总销量，使用数据透视表综合分析每月各区域的总销量。

【步骤提示】

（1）打开素材文件"每月销量分析表.xlsx"，在A7单元格中输入"迷你图"，然后在B7:M7

単元格区域中创建迷你图，并显示迷你图标记和设置迷你图样式为"迷你图样式彩色#2"，完成后调整行高。

（2）同时选择A3:A6和N3:N6单元格区域，创建"簇状条形图"，然后设置图表布局为"布局5"，添加图表元素"数据标签/数据标签内"，更改图标颜色，并输入图表标题"每月产品销量分析图表"。

（3）设置图表样式为"样式3"，完成后移动图表到适合位置。

（4）选择A2:N6单元格区域，创建数据透视表并将其存放到新的工作表中，然后添加每月对应的字段。

（5）在"设计"选项卡的"数据透视表样式"组的列表框中将数据透视表设置为"数据透视表样式中等深浅10"样式。

微课视频

制作"每月销量分析表"

实训二 分析"员工销售业绩图表"

【实训要求】

本实训要求使用数据透视图表统计并分析员工销售业绩数据。不同的销售店，销售人员也不同，因此要根据销售店统计并分析销售人员的销售业绩。完成后的效果如图6-36所示。

素材所在位置 素材文件\项目六\实训二\员工销售业绩图表.xlsx
效果所在位置 效果文件\项目六\实训二\员工销售业绩图表.xlsx

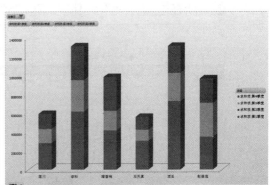

图6-36 员工销售业绩数据透视图表的效果

【专业背景】

为方便管理人员及时掌握销售动态，提高销售人员的积极性，定期（如按年度、月度或季度）从不同角度分析并统计员工销售业绩非常重要，例如从不同的销售店、销售人员或销售产品分析一定时间内的产品销售总额等。

微课视频

分析"员工销售业绩图表"

【实训思路】

完成本实训需要在提供的素材文件中分别创建数据透视表和数据透视图，对数据透视表和数据透视图编辑美化后，在数据透视表和数据透视图中筛选所需数据。

【步骤提示】

（1）打开素材文件"员工销售业绩图表.xlsx"，创建数据透视表，选中"总计"选项以外的复选框，并将"销售店"字段移动到报表筛选。

（2）将"销售店"字段移动到报表筛选列表框中后，在"销售店"字段右侧单击"筛选"按钮 ，在弹出的列表框中选中 选择多项 复选框，然后取消选中□北门店和□南门店复选框。

（3）将数据透视表设置为"数据透视表样式中等深浅10"样式。

（4）根据数据透视表创建"三维堆积柱形图"数据透视图，然后在"设计"选项卡的"位置"组中单击"移动图表"按钮 ，将数据透视图移到新的工作表中。

（5）在"格式"选项卡的"形状样式"组中选择"细微效果-橄榄色，强调颜色3"形状样式。隐藏透视图的网格线，然后将坐标轴和图例的字体格式设置为"16、加粗"。

（6）单击"筛选"按钮 销售店 ，筛选出"北门店"和"南门店"数据进行查看。

课后练习

练习1：制作"年度收支比例图表"

下面将打开"年度收支比例图表.xlsx"素材文件，创建"三维饼图"图表，然后对图表进行编辑美化，完成后的效果如图6-37所示。

　　素材所在位置　素材文件\项目六\课后练习\年度收支比例图表.xlsx
　　效果所在位置　效果文件\项目六\课后练习\年度收支比例图表.xlsx

微课视频

制作"年度收支比例图表"

图6-37　"年度收支比例图表"最终效果

操作要求如下。

● 打开"年度收支比例图表.xlsx"工作簿，选择数据区域，创建"三维饼图"图表。

● 设置图表布局为"布局1"，并输入图表标题为"年度收支比例图表"。

● 设置图表样式为"样式8"，完成后移动图表到适合位置并调整图表大小。

练习2：分析各季度销售数据

下面将在"季度销售数据汇总表.xlsx"工作簿中分别创建数据透视表和数据透视图。通过数据透视图表查看各季度销售数据的汇总，以及销售人员的销售情况。其效果如图6-38所示。

素材所在位置	素材文件\项目六\课后练习\季度销售数据汇总表.xlsx
效果所在位置	效果文件\项目六\课后练习\季度销售数据汇总表.xlsx

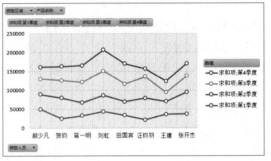

图6-38 "季度销售数据汇总表"最终效果

操作要求如下。

● 打开素材文件"季度销售数据汇总表.xlsx"，在工作表中根据数据区域创建数据透视表并将其存放到新的工作表中，然后添加相应的字段，并将"销售区域"和"产品名称"字段移动到报表筛选列表框中。

微课视频

分析各季度销售数据

● 根据数据透视表创建"堆积折线图"数据透视图，并调整数据透视图的位置和大小，设置数据透视图样式为"样式5"。

● 将图表坐标轴和图例的字体设置为"10、黑色"，完成后将存放数据透视图表的工作表重命名为"数据透视图表"。

技巧提升

1.删除创建的迷你图

在创建的迷你图组中选择单个迷你图，在"设计"选项卡的"分组"组中单击 清除按钮右侧的下拉按钮 ，在弹出的下拉列表中选择相应的选项可清除所选的迷你图或迷你图组。

2.更新或清除数据透视表的数据

要更新数据透视表中的数据，可在"分析"选项卡的"数据"组中单击"刷新"按钮 下方的下拉按钮 ，在弹出的下拉列表中选择"刷新"或"全部刷新"选项；要清除数据透视表中的数据，则需在"操作"组中单击"清除"按钮 ，在弹出的列表中选择"全部清除"选项。

3.更新数据透视图的数据

如果更改了数据源表格中的数据，需要手动更新数据透视图中的数据，可选中数据透视图，在"分析"选项卡的"数据"组中单击"刷新"按钮⚙下方的下拉按钮⚙，在弹出的下拉列表中选择"刷新"或"全部刷新"选项。

4. 链接图表标题

在图表中除了手动输入图表标题外，还可将图表标题与工作表单元格中的表格标题内容建立链接，从而提高图表的可读性。实现图表标题链接的操作方法是，在图表中选择需要链接的标题，然后在编辑栏中输入"="，继续输入要引用的单元格或单击选择要引用的单元格，按【Enter】键完成图表标题的链接。当表格中链接单元格中的标题内容发生改变时，图表中的链接标题也将随之发生改变。

5. 将图表以图片格式应用到其他文档中

Excel制作的图表可应用于企业工作的各个方面，如将图表复制到Word或PPT文件中，但如果直接在Excel中复制图表，将其粘贴到其他文件中后，图表的外观可能会发生变化，此时可通过将图表复制为图片的方法来保证图表的质量。其操作方法如下。

（1）选择图表，选择【开始】/【粘贴板】组，单击"复制"按钮⚙右侧的下拉按钮⚙，在弹出的下拉列表中选择"复制为图片"选项。

（2）打开"复制图片"对话框，该对话框提供了图片的外观和格式设置，如选中 ⊙如屏幕所示(S) 单选项，可将图表复制为当前屏幕中显示的大小；选中 ⊙如打印效果(P) 单选项，可将图表复制为打印的效果；选中 ⊙位图(B) 单选项，可将图表复制为位图，当放大或缩小图片时始终保持图片的比例。

（3）选择图片需要的格式后，单击 确定 按钮，确认复制。

（4）切换到需要的文档中，按【Ctrl+V】组合键将图表以图片的形式粘贴到文档中，如图6-39所示。

图6-39　将图表以图片的形式应用到Word文档中

PART 7

项目七
演示文稿的基础操作

情景导入

老洪：米拉，公司为了让新员工更快地融入工作团队，需要制作一份入职培训的演示文稿。

米拉：入职培训的演示文稿是使用PowerPoint来制作吗？

老洪：不错，看来你已经提前做了功课。

米拉：是的。为了更好地胜任这份工作，我了解到PowerPoint与Word和Excel都是Office办公软件的重要组件。必须先做好功课！

老洪：那有什么问题随时来找我。

学习目标

- 掌握幻灯片的新建、移动、复制和删除等基本操作
- 掌握输入文本和插入图片的方法
- 掌握创建SmartArt图形、形状、表格和图表等元素的方法

技能目标

- 制作"员工入职培训"演示文稿
- 编辑"公司年终汇报"演示文稿

任务一　制作"员工入职培训"演示文稿

在知晓老洪安排的工作后，米拉首先询问了入职培训演讲文稿中需要包含的主要内容和需要表达的意图，然后根据老洪提供的制作思路和流程开始准备制作"入职培训"演示文稿。制作演讲文稿前，首先搜集所需图片等资料，然后搭建演示文稿的整体框架，再依次录入演示文稿所需的内容。

一、任务目标

本任务将使用PowerPoint制作"员工入职培训"演示文稿。通过设置页面主题和页面大小搭建演示文稿的框架，再添加文本、图片、形状、SmartArt图形等基本元素。本任务制作完成后的参考效果如图7-1所示。

通过本任务的学习，可掌握设置页面大小和主题的应用，并通过文本、图片、形状、SmartArt图形等元素，完成演示文稿的制作。

素材所在位置　素材文件\项目七\任务一\员工入职培训
效果所在位置　效果文件\项目七\任务一\员工入职培训.pptx

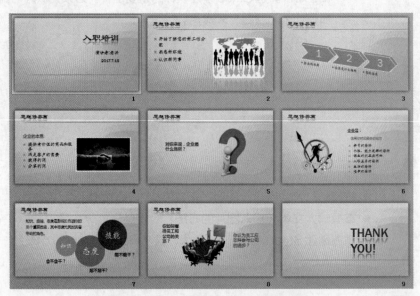

图7-1　"员工入职培训"演示文稿最终效果

"入职培训"的培训内容

入职培训主要对公司新入职员工的工作态度以及思想修养等进行培训，用以端正员工的工作思想和工作态度，不同的公司，对员工培训的重点和内容及其目的也会有所区别。

二、相关知识

（一）认识PowerPoint 2013操作界面

启动PowerPoint 2013后，即可看到PowerPoint的操作界面主要包含快速访问工具栏、标题栏、"文件"选项卡、功能选项卡、功能区、"大纲/幻灯片"区域、幻灯片编辑区和备注区等组成部分。其中多个组成部分与 Word 2013和Excel 2013的作用相同，这里不再赘述。下面介绍PowerPoint 2013中的"幻灯片"窗格、幻灯片编辑区以及备注区部分，如图7-2所示。

图7-2　PowerPoint 2013的操作界面

- **"幻灯片"窗格：**"幻灯片"窗格中包含了组成当前演示文稿中所有幻灯片的缩略图，在其中可以对幻灯片进行选择、移动和复制等操作，但不能对其中内容进行编辑。
- **幻灯片编辑区：**它是演示文稿的核心部分，可将幻灯片的整体效果形象地呈现出来，在其中可对幻灯片进行文本编辑，插入图片、声音、视频和图表等操作。
- **备注区：**位于PowerPoint 2013工作窗口的底部，用于为播放的幻灯片添加说明和注释，一般不使用该区域。单击任务栏的 ≙ 备注按钮，可隐藏备注区；隐藏后，再次单击该按钮可重新显示备注区。

演示文稿的新建、打开、保存和关闭

演示文稿的新建、打开、保存和关闭等基本操作与 Word 文档、Excel 表格的新建、打开、保存和关闭的操作方法相同，本项目不再赘述。

（二）幻灯片的基本操作

演示文稿和幻灯片是一种包含与被包含的关系，单独的一张张内容就是幻灯片，它们的集合就是一个完整的演示文稿。要完成演示文稿的制作，必须掌握幻灯片的各项操作。

1.新建幻灯片

演示文稿通常都由多张幻灯片组成，而新建的空白演示文稿只有一张幻灯片，因此在制作演示文稿的过程中，需要新建多张幻灯片，新建幻灯片的方法如下。

- **新建普通幻灯片：**在"幻灯片"窗格中单击鼠标右键，在弹出的快捷菜单中选择"新建幻灯片"命令，或按【Enter】键可新建默认"标题和内容"的幻灯片，如图7-3所示。

● **新建版式幻灯片**：选择【开始】/【幻灯片】组，单击"新建幻灯片"按钮下方的下拉按钮，在弹出的下拉列表中选择一种幻灯片版式，即可新建应用版式的幻灯片，如图7-4所示。

图7-3 新建普通幻灯片

图7-4 新建版式幻灯片

2.移动幻灯片

在制作幻灯片的过程中，若发现某张幻灯片顺序安排不合理，可通过移动幻灯片的方法，将幻灯片移动至需要的位置即可，下面介绍移动幻灯片的方法。

● **通过快捷菜单移动**：在"幻灯片"窗格中要移动的幻灯片上单击鼠标右键，在弹出的快捷菜单中选择"剪切"命令，选择相邻的幻灯片，在其上方单击鼠标右键，在弹出的快捷菜单中选择"粘贴"命令，即可将剪切的幻灯片移动至当前选择的幻灯片后。

● **通过功能区移动**：在"幻灯片"窗格中，选择要移动的幻灯片，选择【开始】/【剪贴板】组，单击"剪切"按钮，选择要粘贴幻灯片相邻的某张幻灯片，选择【开始】/【剪贴板】组，单击"粘贴"按钮，即可将剪切的幻灯片移动至当前选择的幻灯片后。图7-5所示为"剪切"操作使用快捷菜单，"粘贴"操作使用功能区的示意，从而实现了幻灯片的移动。

● **通过拖动方法移动**：在"幻灯片"窗格要移动的幻灯片上按住鼠标并拖动至目标位置释放即可，在拖动过程中，鼠标指针变为形状，如图7-6所示。

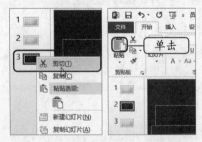

图7-5 使用快捷菜单和功能区移动

图7-6 使用鼠标拖动移动

3.复制幻灯片

复制幻灯片的方法与移动幻灯片的方法类似，即在复制幻灯片时单击鼠标右键选择"复制"命令即可；通过拖动方法复制幻灯片时，拖动到目标位置后按【Ctrl】键，当鼠标变为形状时释放鼠标，如图7-7所示；通过选择【开始】/【幻灯片】组，单击"新建幻灯片"按钮下方的下拉按钮，在弹出的下拉列表中选择"复制选定幻灯片"选项，或按【Ctrl+D】

组合键，也可在当前选择的幻灯片后复制出相同的幻灯片，如图7-8所示。

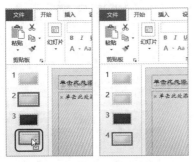

图7-7　使用鼠标拖动复制幻灯片

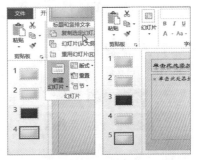

图7-8　使用"复制选定幻灯片"选项复制

4. 选择与删除幻灯片

当演示文稿中有多余的幻灯片时，可选择所需幻灯片将其删除。下面介绍选择与删除幻灯片的方法。

- **选择并删除某张幻灯片**：在"幻灯片"窗格中单击选择要删除的幻灯片，按【Delete】键，或单击鼠标右键，在弹出的快捷菜单中选择"删除幻灯片"命令，即可删除该张幻灯片。
- **选择并删除多张幻灯片**：在"幻灯片"窗格中选择第一张幻灯片，按住【Shift】键不放选择另一张幻灯片，按【Delete】键可删除这两张幻灯片之间所有的幻灯片。按【Ctrl】键选择幻灯片则可删除不连续的多张幻灯片。
- **选择并删除全部幻灯片**：在"幻灯片"窗格中按【Ctrl+A】组合键，或在【开始】/【编辑】组中单击 选择▾按钮，在弹出的列表中选择"全选"选项，可选择全部幻灯片，按【Delete】键即可删除。

三、任务实施

（一）设置演示文稿的主题

在制作演示文稿时，根据制作的内容可先设置演示文稿的主题，搭建演示文稿的结构和整体效果，然后对幻灯片进行内容输入与编辑。幻灯片主题和Word中提供的样式类似，颜色、字体等效果保持某一标准时，可将所需的主题应用于整个演示文稿。下面新建"员工入职培训.pptx"工作簿，应用"跋涉"主题，其具体操作如下。

微课视频

设置演示文稿的主题

（1）启动PowerPoint 2013，在"演示文稿1"中选择【文件】/【保存】菜单命令，将演示文稿保存为"员工入职培训.pptx"。
（2）单击"设计"选项卡，在"主题"组的"主题"列表框中选择"跋涉"选项。
（3）返回演示文稿，演示文稿的整体效果发生了改变，如图7-9所示。

知识补充

修改主题效果

　　与Word操作类似，在"主题"组的"变体"列表框中，单击"颜色"按钮■、"字体"按钮▲、"效果"按钮◎、"背景样式"按钮◎，在弹出的列表中选择所需选项可更改当前主题的颜色、字体和效果等。

143

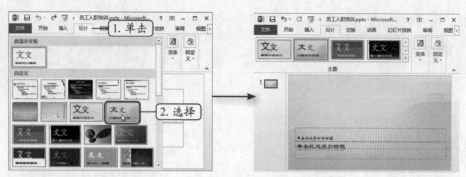

图7-9　应用主题

（二）输入与设置文本

在搭建了演示文稿的框架后，还须通过文本、图片和图形等内容对演示文稿进行编辑。文本是演示文稿中最基本的内容，也是不可或缺的一部分，它既可以在幻灯片默认的占位符中输入，也可以在幻灯片任意位置绘制的文本框中输入，然后设置其格式。下面在"员工入职培训.pptx"演示文稿的标题幻灯片中输入文本并进行格式设置，其具体操作如下。

微课视频

输入与设置文本

（1）将鼠标光标定位到副标题文本框中，输入副标题文本"演讲者:老洪"，然后输入标题文本"入职培训"，如图7-10所示。

（2）选择标题和副标题文本框，将其移动到幻灯片的右上角位置，在【开始】/【字体】组中将标题文本字号设置为"72"，副标题文本字号设置为"37"，如图7-11所示。

（3）单击"插入"选项卡，在"文本"组中单击"文本框"按钮下方的下拉按钮，在弹出的下拉列表中选择"横排文本框"选项，然后在幻灯片中绘制文本框，输入制作时间文本，如图7-12所示。

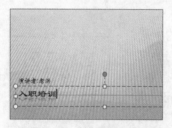

图7-10　输入标题文本

图7-11　设置文本

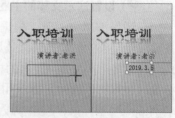

图7-12　使用文本框输入文本

知识补充

插入艺术字

在PowerPoint中插入艺术字的方法与在Word中插入艺术字相同，单击"插入"选项卡，在"文本"组单击"艺术字"按钮，在弹出的列表中选择艺术字样式，再进行文本输入和样式设置等。

（三）插入与编辑图片

为了使幻灯片内容更丰富，可以在需要的幻灯片中插入与编辑相应的图片。下面在"员工入职培训.pptx"演示文稿中插入并编辑图片，其具体操作如下。

（1）新建一张"两栏内容"版式幻灯片，在标题文本框中输入标题，在左侧的正文文本占位符中输入文本，在右侧的占位符中单击"图片"按钮，如图7-13所示；或单击"插入"选项卡，在"图像"组中单击"图片"按钮。

（2）在打开的"插入图片"对话框中选择素材文件夹中的"1.jpg"图片文件，单击 插入(S) 按钮，如图7-14所示。

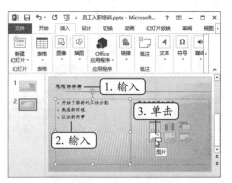

图7-13 输入文本并打开插入图片对话框

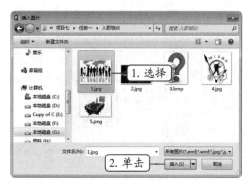

图7-14 插入图片

（3）此时插入的图片四周有8个控制点，将鼠标指针移动到右下角的控制点上，按住鼠标左键不放向右下角拖曳，调整图片大小，如图7-15所示。

（4）保持选择幻灯片中的图片，在"格式"选项卡的"图片样式"组中单击"快速样式"按钮，在弹出的列表中选择"映像圆角矩形"选项，如图7-16所示。

图7-15 调整图片大小

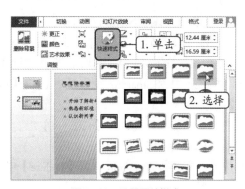

图7-16 设置图片样式

（5）使用添加文本和插入图片的方法，制作第3、4、5张幻灯片，如图7-17所示。

图7-17 制作第3、4、5张幻灯片

（6）选择第4张幻灯片中的图片，单击"格式"选项卡，在"调整"组中单击"删除背景"按钮，进入"删除背景"编辑状态，调整图选框的大小，包含要保留的图片内容，然后在"背景消除"选项卡中单击"保留更改"按钮✓。

（7）返回幻灯片，图片的白色底纹背景被清除，效果如图7-18所示，然后使用相同方法清除第5张幻灯片中图片的白色底纹背景。

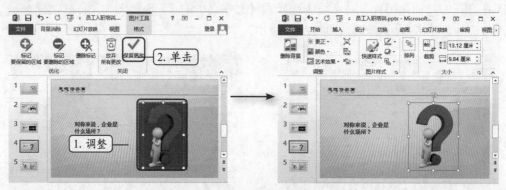

图7-18　清除图片背景

文本框和图片等对象的操作

通过实例操作，可发现在PowerPoint中插入和编辑文本框、图片等对象的方法与Word文档编辑相同。同样，在PowerPoint中也可插入表格和图表等对象，插入与编辑方法与在Word文档中相似。

（四）插入与编辑SmartArt图形

制作演示文稿时，有时需要制作各种各样的示意图或流程图，通过PowerPoint中的SmartArt图形能够清楚地表明各种事物之间的各种关系。插入形状和SmartArt图形后，还可进行编辑，使其满足用户的不同需求。

微课视频

插入与编辑
SmartArt图形

（1）选择第2张幻灯片，按【Ctrl+D】组合键，在复制的幻灯片中拖动鼠标选择除标题外的正文内容，按【Delete】键删除，然后再选择正文占位符文本框，按【Delete】键删除，如图7-19所示。

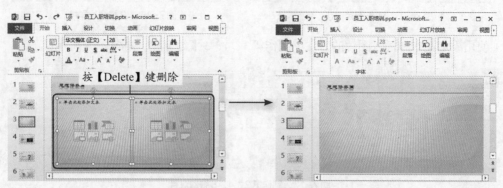

图7-19　清除内容和占位符

（2）单击"插入"选项卡，在"插图"组中单击"SmartArt"按钮，在打开的"选择 SmartArt图形"对话框中单击"流程"选项卡，在中间的列表框中选择"基本V行流程"选项，然后单击 确定 按钮，如图7-20所示。

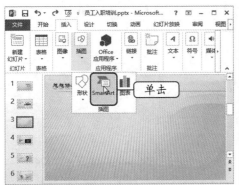
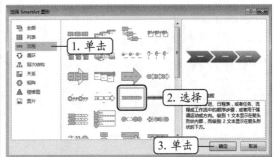

图7-20　插入SmartArt图形

（3）在SmartArt图形左侧单击展开按钮，显示出"在此处键入文字"窗格，在第一个文本框中输入"1"，按【Enter】键新建文本框，并在其上单击鼠标右键，在弹出的快捷菜单中选择"降级"选项，如图7-21所示。

（4）在降级文本框中输入相应文字，如图7-22所示。

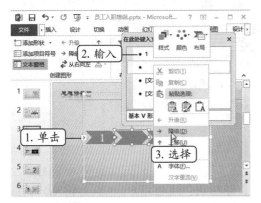

图7-21　降级文本框　　　　　　　　图7-22　输入内容

添加形状

在一级文本框中按【Enter】键，新建文本框的同时，SmartArt图形中会自动插入一个形状，降级文本框将取消插入形状。也可在SmartArt图形的形状上单击鼠标右键，在弹出的快捷菜单中选择"添加形状"命令，在弹出的子菜单中选择"在后面添加形状"或"在前面添加形状"命令，即可在相应位置添加形状。

（5）使用相同方法，输入其他文本内容，如图7-23所示。

（6）选择SmartArt图形中形状下方的文本内容，将字号设置为"20"，然后将鼠标指针移动到SmartArt图形边框上调整其位置和大小，如图7-24所示。

图7-23　输入其他文本

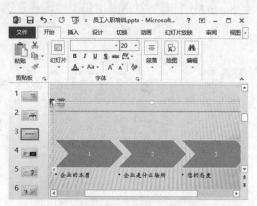

图7-24　设置字号并调整位置和大小

（7）选择SmartArt图形，单击"设计"选项卡，在"SmartArt样式"组的列表框中选择"砖块场景"选项，如图7-25所示。

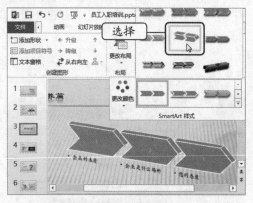

图7-25　设置SmartArt图形样式

> **知识补充**
>
> **更改布局**
>
> 　　选择SmartArt图形，在"设计"选项卡的"布局"组的列表框中可重新选择SmartArt图形的类型，其布局结构会发生改变，但会保留原来的文字内容和格式设置。

（五）绘制与编辑形状

　　除了在PowerPoint中使用SmartArt图形外，普通形状也可使用形状图形来表达重点内容，同时具备美化幻灯片的效果。下面在"员工入职培训.pptx"演示文稿中绘制并编辑形状，其具体操作如下。

微课视频

绘制与编辑形状

（1）在最后一张幻灯片后面新建"仅标题"版式幻灯片，在其中输入相应的文本，然后单击"插入"选项卡，在"插图"组中单击"形状"按钮，在弹出的列表中的"基本形状"栏中选择"椭圆"选项，如图7-26所示。

（2）按住【Shift】键，在幻灯片的右下方绘制一个圆形，如图7-27所示。

（3）单击"格式"选项卡，在"形状样式"组中单击"形状填充"按钮 右侧的下拉按钮，在弹出的下拉列表中选择"标准色"栏中的"浅蓝"选项，如图7-28所示。

（4）单击"格式"选项卡，在"形状样式"组中单击"形状轮廓"按钮 右侧的下拉按钮，在弹出的下拉列表中选择"无轮廓"选项，如图7-29所示。

图7-26 选择形状

图7-27 绘制圆形

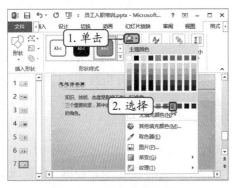

图7-28 设置形状填充颜色

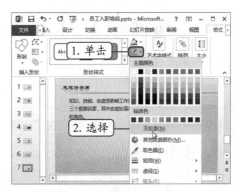

图7-29 取消形状轮廓颜色

（5）在圆形上单击鼠标右键，在弹出的快捷菜单中选择"编辑文字"命令，然后在其中输入"态度"，将字号设置为"48"，如图7-30所示。

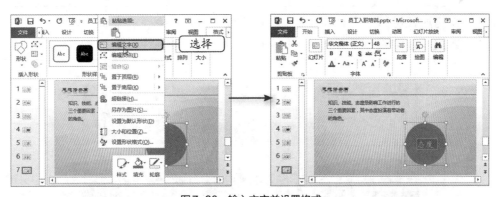

图7-30 输入文字并设置格式

（6）复制出两个图形，将其分别调整到合适的位置和大小，并取消轮廓，设置填充色分别为"浅绿"和"深红"，再对图形中的文本进行修改。然后在圆形下方绘制3个文本框，并在其中输入相应的文本，效果如图7-31所示。

（7）使用前面插入文本和图片的方法制作第8张幻灯片。然后复制第1张幻灯片，修改并设置标题文本，作为第9张幻灯片，效果如图7-32所示。

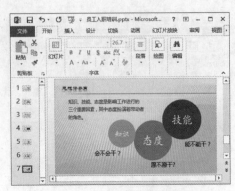

图7-31 绘制和编辑其他圆形

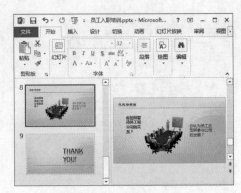

图7-32 完成其他幻灯片制作

任务二 编辑"公司年终汇报"演示文稿

老洪打印了公司产品的生产状况、质量状况、销售量和销售额等相关数据。让米拉根据这些数据，在演示文稿中制作表格和图表，以便更加直观地查看和分析数据。老洪告诉米拉"表格和图表也是演示文稿中常用的基本元素，在很多场合，如工作总结、销售报告等，都需要用表格和图表来展示和说明数据。"希望米拉认真完成工作。

一、任务目标

本任务将在"公司年终汇报.pptx"幻灯片指定的工作簿中，根据原始数据，创建表格和图表，并对表格和图表进行编辑和美化设置。

通过本任务的学习，重点掌握创建、编辑和美化表格与图表的方法。本任务制作完成后的最终效果如图7-33所示。

素材所在位置 素材文件\项目七\任务二\公司年终汇报.pptx
效果所在位置 效果文件\项目七\任务二\公司年终汇报.pptx

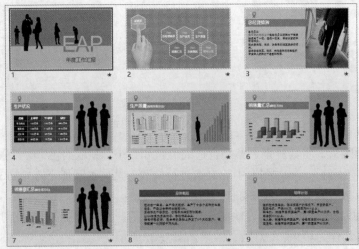

图7-33 "公司年终汇报"最终效果

"公司年终汇报"的意义与内容

职业素养

"公司年终汇报"是对本年度公司整体情况进行的汇总报告，概括性较强，是一类总结性的演示文稿。其主要内容一般包括产品"生产状况""质量状况""销售情况"以及来年的计划，对公司有积极的作用。在实际工作中，这类演示文稿中通常包含总结文本信息和表格以及表格、图表等对象。

二、相关知识

在对表格进行编辑操作前，必须先选择单元格，在PowerPoint 2013中选择单元格的方法与选择文本大致类似，常用的选择单元格的方法如下。

- **选择单个单元格**：将鼠标指针移动到需选择的单元格中，待鼠标指针变为光标时，单击鼠标即可。
- **选择连续单元格**：将鼠标指针移到需选择的单元格区域左上角，按住鼠标左键不放，并将其拖动到该区域右下角，释放鼠标可选择该单元格区域。
- **选择整行或整列**：将鼠标指针移到表格边框的上方，当鼠标指针变为↓形状时，单击鼠标即可选择该列；将鼠标指针移到表格边框的左侧，当鼠标指针变为→形状时，单击鼠标即可选择该行。
- **选择整个表格**：将鼠标指针移动到任意单元格中单击，然后按【Ctrl+A】组合键即可选择整个表格。

关于表格和图表的编辑

操作提示

在PowerPoint中插入的表格或图表可看做一个整体，其格式与图片类似，可像图片一样调整其大小和位置。同时，在PowerPoint中编辑表格和图表的方法与操作同Word中编辑表格和图表相似。

三、任务实施

（一）插入与编辑表格

在幻灯片中可以插入表格与图表进行数据说明，使幻灯片内容更具说服力。下面在"公司年终汇报.pptx"演示文稿中插入表格，然后输入相关数据并编辑表格，其具体操作如下。

微课视频

插入与编辑表格

（1）在演示文稿中选择第4张幻灯片，在"插入"选项卡的"表格"组中单击"表格"按钮▦，在弹出的列表中选择"插入表格"选项，在打开的"插入表格"对话框中的"列数"数值框中输入"4"，在"行数"数值框中输入"5"，然后单击 确定 按钮，如图7-34所示。

（2）此时幻灯片中将插入一个默认格式的表格，在表格中输入相关的数据，如图7-35所示。

（3）将鼠标指针移动到表格上方，当鼠标指针变为↖形状时，拖动鼠标将表格移到幻灯片标题文本下方，如图7-36所示。

（4）将鼠标指针移动到表格右侧边框中间位置处，当鼠标指针变为 ↔ 形状时，拖动鼠标调整表格宽度，如图7-37所示。

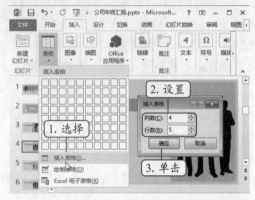

图7-34　插入表格

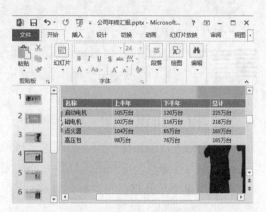

图7-35　输入表格数据

图7-36　移动表格位置

图7-37　调整表格宽度

（5）选择全部表格数据，在"布局"选项卡的"对齐方式"组中依次单击"居中"和"垂直居中"按钮，如图7-38所示，设置数据对齐方式。

（6）单击"开始"选项卡，在"字体"组中将字号设置为"24"，如图7-39所示。

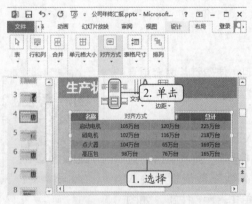

图7-38　设置对齐方式

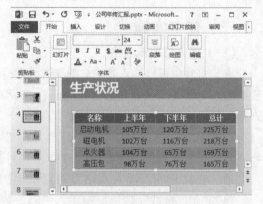

图7-39　设置字体格式

（7）单击"布局"选项卡，在"单元格大小"组中将行高设置为"1.8厘米"，如图7-40所示。

（8）单击"设计"选项卡，在"表格样式"组的列表框中选择"中度样式1"选项，如图7-41所示。

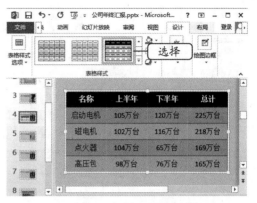

图7-40　调整行高　　　　　　　　图7-41　套用表格样式

（二）创建与美化图表

图表也是演示文稿中常用的基本元素，通过图表的展示能够直观地分析相关数据。下面在"公司年终汇报.pptx"演示文稿中创建图表，然后进行美化设置，其具体操作如下。

（1）在演示文稿中选择第5张幻灯片，在"插入"选项卡的"插图"组中单击"图表"按钮 。

（2）打开"插入图表"对话框，单击"柱形图"选项卡，然后选择"三维簇状柱形图"选项，单击 确定 按钮，如图7-42所示。

（3）启动Excel程序，在打开的"Microsoft PowerPoint中的图表"窗口中输入生产质量统计的合格率百分比数据，如图7-43所示。输入的单元格数据中，"系列"单元格表示图表中的图例，"类别"单元格表示图表中的横坐标轴。

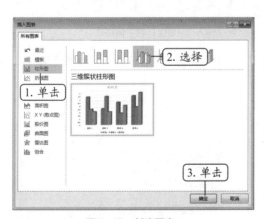

图7-42　创建图表

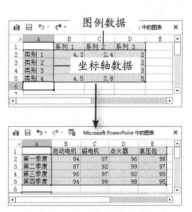

图7-43　输入图表数据

（4）选中创建的图表，单击"设计"选项卡，在"图标布局"选项卡中单击 快速布局 按钮，在弹出的列表中选择"布局5"选项，如图7-44所示。

（5）单击"设计"选项卡，在"图表样式"组中单击"快速样式"按钮 ，在弹出的列表中选择"样式3"选项，如图7-45所示。

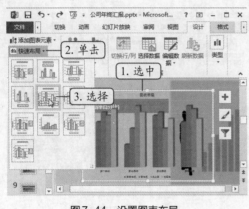

图7-44　设置图表布局

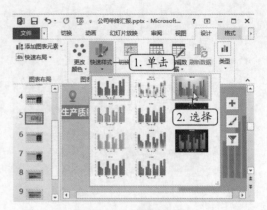

图7-45　设置图表样式

（6）将图表移动到标题下方，并调整到合适的大小，效果如图7-46所示。

（7）在坐标轴上单击鼠标右键，在弹出的快捷菜单中选择"字体"命令，打开"字体"对话框，将字体设置为"加粗、12、黑色"，如图7-47所示。

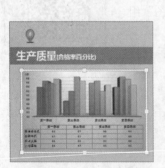

图7-46　调整位置和大小

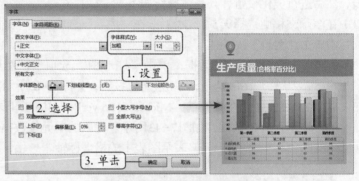

图7-47　设置坐标轴字体格式

（8）采用相同的方法，在第6张幻灯片中创建"三维柱形图"，然后输入销售量数据并美化图表，最终效果如图7-48所示。

（9）采用相同的方法，在第7张幻灯片中创建"三维簇状柱形图"，然后输入销售额数据并美化图表，最终效果如图7-49所示。

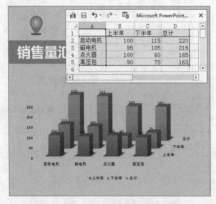

图7-48　创建"销售量"图表

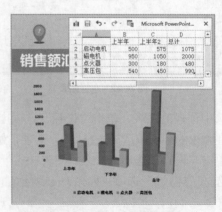

图7-49　创建"销售额"图表

实训一　制作"旅游宣传画册"演示文稿

【实训要求】

本实训将制作"旅游宣传画册"演示文稿，制作旅游宣传画册需注意的是，使用的风景图片最好是真实拍摄的，并且图片要有较高的清晰度。完成后的效果如图7-50所示。

素材所在位置　素材文件\项目七\实训一\旅游宣传画册.pptx、风景图片
效果所在位置　效果文件\项目七\实训一\旅游宣传画册.pptx

图7-50　"旅游宣传画册"最终效果

【专业背景】

旅游宣传画册演示文稿是一种用于旅游景点宣传的演示文稿，所以其中对图片的运用较多。由于其目的是宣传景点，因此，该类演示文稿要求制作精美，版式新颖简洁，让人过目不忘，产生对旅游地的向往。

【实训思路】

完成本实训非常简单，打开"旅游宣传画册.pptx"素材文件后，新建幻灯片，依次在幻灯片中插入并编辑图片，然后使用文本框输入对应图片的描述内容。

微课视频

制作"旅游宣传画册"
演示文稿

【步骤提示】

（1）打开"旅游宣传画册.pptx"素材文件，新建8张幻灯片。
（2）在幻灯片中插入风景图片，并对图片进行编辑和裁剪。
（3）在幻灯片中插入文本框，输入风景图片的描述内容，并编辑其字体格式。

实训二　编辑"市场调研报告"演示文稿

【实训要求】

本实训将编辑"市场调研报告"演示文稿，在制作中主要使用表格、图表进行展现。本例主要练习图形、表格和图表的插入与编辑方法。编辑完成后的效果如图7-51所示。

素材所在位置	素材文件\项目七\实训二\市场调研报告.pptx
效果所在位置	效果文件\项目七\实训二\市场调研报告.pptx

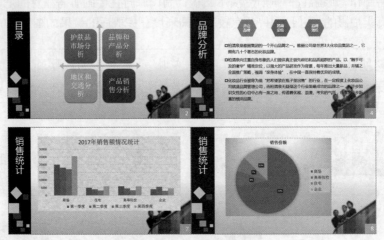

图7-51 "市场调研报告"最终效果

【专业背景】

报告可以分为书面报告和口头报告。在许多情况下，除了向客户或上级提供书面报告外，还要作口头汇报，而演示文稿是口头汇报的必备利器，目前随着计算机信息技术的迅速发展和投影器材的普及，PowerPoint在制作报告类演示文稿的过程中更是扮演着不可替代的角色。市场调研报告是用于对市场调研情况进行汇报的演示文稿，它是市场调查与市场研究的统称，是个人或组织根据特定的决策问题而系统地设计、搜集、记录、整理、分析及研究市场各类信息资料、报告调研结果的工作过程，主要为市场调研人员所制作。

【实训思路】

完成本实训的编辑，其操作过程比较简单，依次在各张幻灯片中插入图形、形状、图表，并分别对插入的对象进行编辑美化操作。

【步骤提示】

（1）打开素材文件"市场调研报告.pptx"演示文稿，选择第2张幻灯片，在其中插入"网格矩阵"SmartArt图形，然后输入文字并设置颜色和样式。

（2）选择第4张幻灯片，插入六边形，设置填充颜色，然后使用文本框输入文字。

（3）选择第7张幻灯片，插入柱形图并编辑样式。

（4）选择第8张幻灯片，插入饼图并编辑样式。

微课视频

编辑"市场调研报告"演示文稿

课后练习

练习1：制作"产品宣传"演示文稿

"产品宣传"演示文稿是用于宣传公司产品的一种演示文稿，可以是对某一种特定产品的宣传，也可以是对多类产品的宣传。通过练习巩固制作演示文稿的流程和一般方法，效果如图7-52所示。

| 素材所在位置 | 素材文件\项目七\课后练习\产品宣传 |
| 效果所在位置 | 效果文件\项目七\课后练习\产品宣传.pptx |

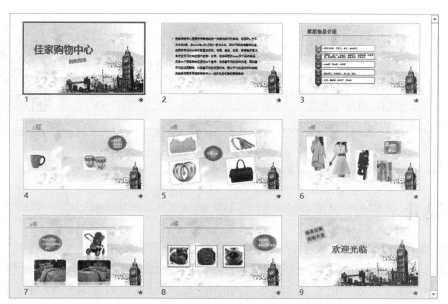

图7-52 "产品宣传"演示文稿最终效果

操作要求如下。

微课视频

制作"产品宣传"
演示文稿

- 打开"产品宣传.pptx"素材文件，在第1、2张幻灯片中使用文本框输入相应文本。
- 在第3张幻灯片上方绘制矩形条，并设置格式，再在上方输入标题，然后插入"垂直V型列表"SmartArt图形，输入文本内容并编辑格式。
- 将第3张幻灯片上方的形状和标题复制到其他幻灯片，修改标题内容，然后插入素材图片和椭圆形状并进行编辑。
- 在最后一张幻灯片中绘制形状和添加文本内容。

练习2：编辑"年终销售总结"演示文稿

下面将打开素材文件"年终销售总结.pptx"演示文稿，根据"销售情况统计.xlsx"工作簿、"销售工资统计.xlsx"工作簿中的数据在演示文稿中创建表格和图表，完成"年终销售总结"演示文稿的编辑工作。参考效果如图7-53所示。

| 素材所在位置 | 素材文件\项目七\课后练习\年终销售总结 |
| 效果所在位置 | 效果文件\项目七\课后练习\年终销售总结.pptx |

157

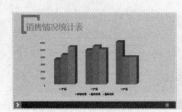  

图7-53 "年终销售总结"最终效果

操作要求如下。

- 在第3张幻灯片中，根据"销售情况统计.xlsx"工作簿中"年度销售情况"工作表中的数据，创建"三维簇状柱形图"，将坐标轴和图例的字体设置为"方正粗倩简体、14、黑色"。
- 在第5张幻灯片中，根据"销售情况统计.xlsx"工作簿中"F2产品销售情况"工作表中的数据，创建7列9行表格。
- 在第8张幻灯片中，根据"销售工资统计.xlsx"工作簿的数据，创建"基本工资表"和"提成工资表"。

微课视频

编辑"年终销售总结"演示文稿

技巧提升

1. 将演示文稿保存为模板

在制作演示文稿的过程中，使用模板不仅可提高制作演示文稿的速度，还能为演示文稿设置统一的背景、外观，使整个演示文稿风格统一。模板既可以是网上下载的，也可以是PowerPoint自带的，还可将制作的演示文稿保存为模板，以供使用。其方法是：打开制作好的演示文稿，打开"另存为"对话框，在"文件名"文本框中输入保存的名称，在"保存类型"下拉列表框中选择"PowerPoint模板 (★.potx)"选项，将自动保存在"C(系统盘):\Users\Administrator\Documents\自定义 Office 模板"文件夹中，然后单击 保存(S) 按钮即可保存。

2. 裁剪图片

在【格式】/【大小】组中，单击"裁剪"按钮 下方的下拉按钮 ，在弹出的下拉列表中选择"裁剪"选项，可快速自定义裁剪图片；选择"裁剪为形状"可将图片裁剪为所选择的形状样式。

3. 更改图表的数据源

在幻灯片中选中插入的图表，单击"设计"选项卡，在"数据"组中单击"选择数据"按钮 ，将打开"选择数据源"对话框，如图7-54所示。在"图表数据区域"文本框中可设置图表的数据源；单击 切换行/列(W) 按钮，可切换横坐标轴和图例标签。

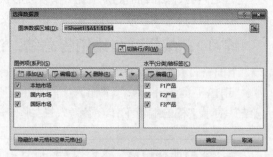

图7-54 "选择数据源"对话框

PART 8

项目八
美化与完善演示文稿

情景导入

老洪：为了回馈客户，咱们将举办活动，中奖者将有机会免费到欧洲旅行。需要你来完善"旅游宣传"演示文稿，向其中添加音、视频，使演示文稿内容更加充实，通过旅游地点的风景视频来吸引顾客参与活动。

米拉：我知道了。通过视频的直观展示，来吸引更多的客户，扩大活动的影响力！

老洪：是的。你先准备好相关的视频文件。

学习目标

- 掌握插入音、视频文件的方法
- 掌握幻灯片母版的设置方法
- 掌握幻灯片的动态效果设置方法

技能目标

- 为"欧洲行旅游宣传"添加声音和视频
- 制作公司专用母版
- 为"业务员素质培训"演示文稿设置动画

任务一 为"欧洲行旅游宣传"添加声音和视频

米拉接到安排的工作后，知道了此次编辑演示文稿所需的内容和表达意图。首先搜集演示文稿所需音频和视频等资料，做好准备工作后，米拉开始学习在幻灯片中添加声音和视频的方法。

一、任务目标

本任务将在演示文稿中添加声音和视频，完善演示文稿。通常，在幻灯片中添加声音和视频文件后，还需要对插入的声音和视频文件的图片效果进行编辑和美化，使其与幻灯片的内容更好地融合。本任务制作完成后的参考效果如图8-1所示。

通过本任务的学习，可掌握在演示文稿中插入声音和视频文件的方法，并学会对插入的文件进行美化，使演示文稿更加完善。

素材所在位置 素材文件\项目八\任务一\旅游宣传
效果所在位置 效果文件\项目八\任务一\欧洲行旅游宣传.pptx

图8-1 添加声音和视频后的演示效果

"旅游宣传"的目的与要求

"旅游宣传"是公司开展活动或旅行社为了吸引游客前往该处旅游的一种宣传手段。通常，旅游宣传册会对旅游目的地的文化、交通等进行概括性介绍，然后放置景点图片，景点图片是"旅游宣传"的重点，要求美观大气，让人一眼就能获得美感，达到吸引游客的目的。与此同时，为了演示文稿更加丰富，可为其添加声音和视频。

二、相关知识

在幻灯片中插入声音文件后，将激活"音频工具"中的"播放"选项卡，通过该选项卡可对声音的播放属性进行设置，包括添加书签、剪辑音频、设置淡化时间、设置音频属性和设置音频样式等，如图8-2所示。下面分别对功能区中各组的作用进行介绍。

图8-2 设置音频文件播放属性

- ● **"预览"组**：插入声音文件后，单击"播放"按钮▶，可试听该音频文件。试听时，"播放"按钮▶将变成"暂停"按钮❚❚，单击该按钮，可暂停播放音频文件。

- ● **"书签"组**：通过该组可自动决定音频播放的起止位置，或删除自定义的播放起止时间。"添加书签"按钮🔖，可为声音起始位置添加一个书签，如果要在其他位置添加书签，则可在音频播放控制条上相应的位置单击鼠标后，再添加书签；若需删除某个书签，只需选择需要删除的书签，单击"删除书签"按钮🔖即可。

- ● **"编辑"组**：该组用于剪辑音频和设置淡化持续时间。选择幻灯片中的声音文件图标，单击"剪辑音频"按钮✂，打开"剪裁音频"对话框，在其中可通过拖动和滑块来设置声音文件的开始时间和播放时间，设置完成后单击 **确定** 按钮；设置淡化持续时间只需选择幻灯片中的声音文件图标，在"淡入"和"淡出"数值框中分别输入淡入、淡出时间即可。

- ● **"音频选项"组**：该组主要用于设置音频文件的音量大小、开始时间和播放方式等。其中"音量"按钮🔊可设置音量的大小；"开始"列表框中提供了"单击时"和"自动"选项，"单击时"选项表示放映幻灯片时，只有单击音频文件播放按钮时才会播放，而"自动"选项表示会根据播放设置自动进行播放；选中☑ 跨幻灯片播放复选框，在放映过程中，即使切换了幻灯片，也能播放音频文件。若取消选中该复选框，切换幻灯片后，将不能进行播放；选中☑ 循环播放，直到停止复选框，在放映过程中音频文件将自动循环播放；选中 放映时隐藏复选框，在放映过程中将自动隐藏音频文件图标；选中☑ 播完返回开头复选框，音频文件播放完成后，将返回到音频文件的开始处。

- ● **"音频样式"组**：该组主要是对"音频选项"组中的设置进行控制。该组提供了"无样式"按钮🔊和"在后台进行播放"按钮🔊。若单击"无样式"按钮🔊，则会使"音频选项"组中的设置保持默认；若单击"在后台进行播放"按钮🔊，将会自动对"音频选项"组中的各选项进行设置。

设置视频文件播放属性

在幻灯片中插入视频文件后，将激活"视频工具"中的"播放"选项卡，通过该选项卡可对视频的播放属性进行设置。该选项卡包括"预览"组、"书签"组、"编辑"组和"音频选项"组，各功能组中的选项与音频工具下的"播放"选项卡相同。

三、任务实施

（一）插入计算机中的声音文件

当用户编辑好幻灯片后，可为幻灯片添加声音，活跃气氛，或是在放映前做准备工作时先播放音乐。插入计算机中保存的声音文件是添加音频最常用的方式，在为演示文稿的幻灯片添加音频时，首先需要确定添加音频的目的是什么，然后在其中插入相应类型的声音文件。下面在"欧洲行旅游宣传.pptx"演示文稿的首页幻灯片中添加暖场音乐，其具体操作如下。

（1）打开"欧洲行旅游宣传.pptx"演示文稿，选择【插入】/【媒体】组，单击"音频"按钮🔊，在弹出的列表中选择"PC上的音频"选项，如图8-3所示。

（2）打开"插入音频"对话框，找到音频文件保存的位置，选择需要插入的声音文件选项，PowerPoint 2013支持.mp3、.wav、和.wma以及mp4等常用的声音文件格式，单击 确定 按钮，如图8-4所示。

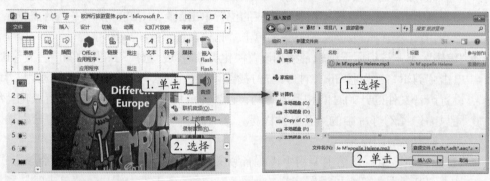

图8-3　执行插入计算机中的音频命令　　　　　图8-4　插入声音文件

（3）插入声音文件后，幻灯片中将显示出声音图标和播放控制条，单击"播放"按钮▶可试听音乐效果，如图8-5所示。

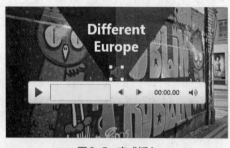

图8-5　完成插入

知识补充

插入联机音频或录制音频

单击"音频"按钮🔊，在弹出的列表中选择"联机音频"选项，可联机搜索并插入声音文件；选择"录制音频"选项，可通过麦克录制声音。

（二）设置声音图标格式

由于声音文件图标是作为图片格式插入幻灯片中的，因此也可像设置图片格式一样对声音图标进行美化设置，使其与幻灯片更好地结合。下面在"欧洲行旅游宣传.pptx"演示文稿中调整声音文件图标的位置、大小、颜色以及图片样式，其具体操作如下。

（1）选择第1张幻灯片，将鼠标指针移到声音图标上，当其变为十字箭头形状⊞时，拖动鼠标将其移动至左下角，如图8-6所示。

（2）将鼠标指针移到图标右上角，当其变为十字形状╋时，拖动鼠标，将图标放大，如图8-7所示。

图8-6 移动图标位置   图8-7 调整图标大小

（3）保持声音文件图标的选中状态，选择【格式】/【调整】组，单击"颜色"按钮，在"重新着色"栏中选择"绿色，着色6深色"选项，如图8-8所示。

（4）选择【格式】/【图片样式】组，单击"图片效果"按钮，在弹出的列表中选择"发光"/"绿色，18pt发光，着色6"选项，如图8-9所示。

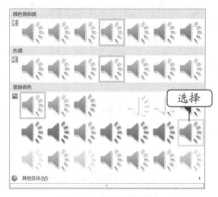
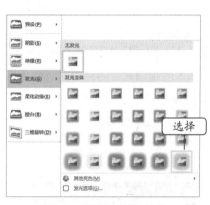

图8-8 设置图标颜色   图8-9 设置图标发光效果

（5）完成设置后，在幻灯片中即可查看声音文件图标美化后的效果，如图8-10所示。

图8-10 声音图标美化效果

设置声音图标的图片格式

知识补充

　　由于声音文件图标是图片格式，因此，可在图标上单击鼠标右键，在弹出的快捷菜单中选择"设置图片格式"命令，打开"设置图片格式"任务窗格，在其中设置美化效果。

（三）添加视频文件

在PowerPoint中添加视频能够增强幻灯片视觉效果，与音频文件相比，视频文件不仅包含声音，还呈现出画面，表现力更丰富、直观，也更加容易被观众所理解和接受。插入视频最常用的方式是插入计算机中保存的视频文件。下面在"欧洲行旅游宣传.pptx"演示文稿中插入视频文件，其具体操作如下。

（1）在第3张幻灯片下方新建空白的幻灯片，选择【插入】/【媒体】组，单击"视频"按钮，在弹出的列表中选择"PC上的视频"选项，如图8-11所示。

（2）打开"插入视频文件"对话框，选择需要插入的视频文件"巴黎.mp4"，单击 插入(S) 按钮，如图8-12所示。

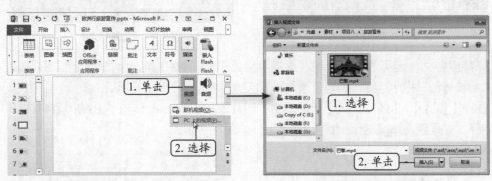

图8-11 执行插入计算机中的视频命令　　　　图8-12 插入视频文件

（3）默认插入的视频文件图标将布满整张幻灯片，单击"播放"按钮▶可预览效果，如图8-13所示。

图8-13 视频播放效果

操作提示

将视频拖动到幻灯片中

用户可利用鼠标选择视频文件，再将其直接拖动到幻灯片中。

（4）使用相同方法，分别在第14、24张幻灯片中插入"伦敦.mp4""罗马.mp4"视频文件，如图8-14所示。

知识补充

修改主题效果

单击"视频"按钮，在弹出的列表中选择"联机视频"选项，在"插入视频"对话框可搜索插入网络中的视频，与插入联机音频相同，其弊端是很难找到匹配的视频文件。

图8-14 插入其他视频

（四）调整视频文件的显示

和添加音频文件一样，插入视频文件后，可对视频文件进行调整，包括格式美化与播放属性的设置，使其与幻灯片更加协调。下面在"欧洲行旅游宣传.pptx"演示文稿中调整插入的视频文件，其具体操作如下。

（1）选中第4张幻灯片中的视频文件，选择【播放】/【视频选项】组，在"开始"下拉列表框中选择"单击时"选项，选中☑播完返回开头复选框，然后单击"裁剪视频"按钮▥，如图8-15所示。

（2）打开"裁剪视频"对话框，因为视频开始位置有黑屏，这里在"开始时间"数值框中将起始位置设置为"3秒"，然后在"结束时间"数值框中输入"00:18"，将视频总时长控制在15秒，单击 确定 按钮，如图8-16所示。

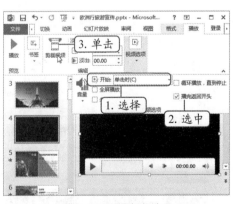

图8-15 设置视频选项

图8-16 裁剪视频

（3）返回幻灯片，此时可看到裁剪后的视频将从"3秒"的位置开始播放，不再显示黑屏，如图8-17所示。

（4）选择第14张幻灯片的视频文件，将鼠标指针移到视频文件的右下角，当其变为十字形状十时，拖动鼠标，缩小视频图片大小，然后适当调整其位置，如图8-18所示。

图8-17　裁剪后的视频

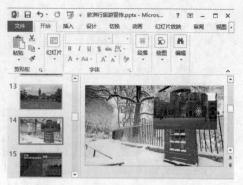

图8-18　调整视频图片的位置和大小

（5）在【格式】/【调整】组单击"更正"按钮 ，在弹出的列表中选择"亮度：0% 对比度：+20%"选项，将对比度提高20%，如图8-19所示。

（6）在【格式】/【视频样式】组的"视频样式"列表框中选择"监视器，灰色"选项，设置视频样式，如图8-20所示。

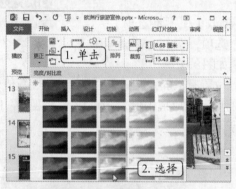

图8-19　提高视频对比度

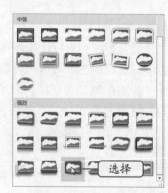

图8-20　设置视频样式

（7）返回幻灯片，此时可看到设置视频颜色和样式后的显示效果，如图8-21所示，然后将视频裁剪为"15秒"。

（8）利用类似方法，调整第24张幻灯片中视频文件的图片大小和位置，将视频裁剪为"15秒"，并将视频样式设置为"映射左透视"，如图8-22所示。

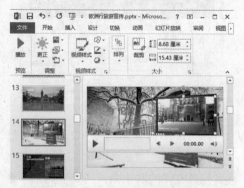

图8-21　视频文件显示效果

图8-22　设置"罗马"视频文件

任务二　制作公司专用母版

老洪称赞米拉之前的工作都做得非常好。随着工作量的增加，今后还需制作大量的演示文稿，老洪让米拉制作一个公司专用的母版作为公司演示文稿的模板，可以快速完成编辑操作，极大地提高工作效率。

一、任务目标

本任务通过设计幻灯片母版来制作公司专用母版，方便以后制作相关演示文稿。幻灯片母版设计中，将涉及幻灯片背景设置、插入图片、设置占位符等格式以及设计页脚内容等操作。

通过本任务的学习，熟练掌握设置幻灯片母版的方法。本任务制作完成的效果如图8-23所示。

素材所在位置	素材文件\项目八\任务二\背景.png
效果所在位置	效果文件\项目八\任务二\欣然科技专用.pptx

图8-23　设置母版的标题页和内容页最终效果

职业素养

制作公司专用母版的作用

当公司已有专用母版后，由于幻灯片背景样式、幻灯片配色、幻灯片字体搭配等效果已经设定好，后期只需填充对应的文本、图片等元素，即可快速制作出大量的演示文稿。同时，对于"报告""培训"等类型演示文稿，可分别设置不同的母版样式，再进行套用。

二、相关知识

幻灯片母版用于定义演示文稿中标题幻灯片以及正文幻灯片的布局样式。通常用来制作具有统一标志、背景、占位符格式、各级标题文本的格式等。制作幻灯片母版实际上就是在母版视图下设置占位符格式、项目符号、背景、页眉/页脚，并将其应用到幻灯片中。"幻灯片母版"视图如图8-24所示，左侧各张幻灯片的作用如下。

- **母版幻灯片**：默认为第1张幻灯片，可称为通用幻灯片。在其中设置的效果将应用到下方的所有幻灯片中。
- **标题幻灯片**：默认为第2张幻灯片，用于对演示文稿中的标题幻灯片的布局、结构、格式进行设定。
- **版式幻灯片**：下方的各张幻灯片是对应的版式设置幻灯片，其设置将只对该版式的幻灯片有效。如设置"标题和内容"幻灯片，只对"标题和内容"版式幻灯片起作用。

167

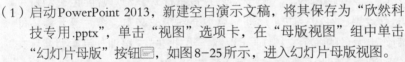

图8-24　幻灯片母版视图

备注母版与讲义母版

知识补充

　　除了常用的幻灯片母版外，还包括备注母版和讲义母版。备注母版用于设定幻灯片备注页的格式；讲义母版用于设定幻灯片与讲义内容之间的布局方式，以及讲义区域的内容格式。

三、任务实施

（一）设置母版背景

　　若要为所有幻灯片应用统一的背景，可在幻灯片母版中进行设置，设置的方法与设置单张幻灯片背景的方法类似。下面新建"欣然科技专用.pptx"演示文稿，设置母版的背景，其具体操作如下。

微课视频

设置母版背景

（1）启动PowerPoint 2013，新建空白演示文稿，将其保存为"欣然科技专用.pptx"，单击"视图"选项卡，在"母版视图"组中单击"幻灯片母版"按钮，如图8-25所示，进入幻灯片母版视图。

（2）选择第1张幻灯片，单击"幻灯片母版"选项卡，在"背景"组中单击背景样式·按钮，在弹出的列表中选择"设置背景格式"选项，如图8-26所示。

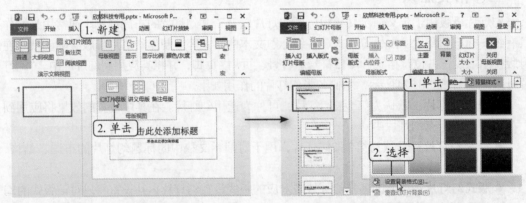

图8-25　进入幻灯片母版　　　　　　　图8-26　执行"设置背景格式"命令

（3）打开"设置背景格式"任务窗格，在"填充"栏选中 ◉ 渐变填充(G) 单选项。在"类型"下拉列表框中选择"射线"选项，在"方向"列表中选择"中心辐射"选项，然后在"渐变光圈"栏中选中第2个"停止点"滑块，单击右侧的"删除渐变光圈"按钮 🔲，删除该渐变光圈，如图8-27所示。

（4）选中中间的"停止点"滑块，单击下方的"颜色"按钮 ⚫，在弹出的列表中将颜色设置为"白色，背景1"。在"位置"数值框中输入"30%"，如图8-28所示。

（5）选中右侧的"停止点"滑块，将其颜色设置为"灰色-25%，背景，深色10%"，如图8-29所示。

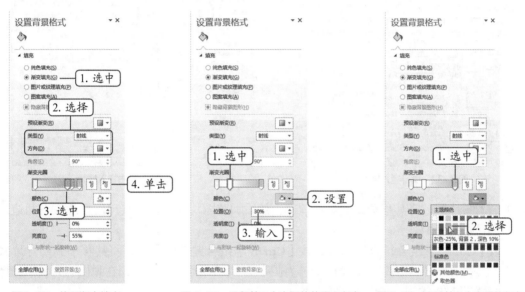

图8-27　使用渐变填充　　　图8-28　设置第2个光圈的位置和颜色　　图8-29　设置第3个光圈的颜色

（6）关闭"设置背景格式"任务窗格，幻灯片母版视图中所有幻灯片应用了渐变颜色填充。在"关闭"组中单击"关闭母版视图"按钮 ❎，如图8-30所示，退出幻灯片母版视图，演示文稿的效果如图8-31所示。

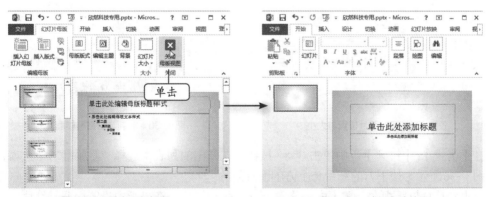

图8-30　退出母版视图　　　　　　　图8-31　演示文稿效果

（二）插入与编辑图片

在幻灯片母版中插入与编辑图片的方法，与在普通视图中插入和编辑图片的方法相同。

下面在"欣然科技专用.pptx"演示文稿的幻灯片母版视图的标题幻灯片中插入背景图片，其具体操作如下。

（1）在"欣然科技专用.pptx"演示文稿的幻灯片母版视图中选择第2张幻灯片，在"插入"选项卡的"图像"组中单击"图片"按钮，如图8-32所示。

（2）打开"插入图片"对话框，双击要插入的"背景.png"图片文件，如图8-33所示。

图8-32　执行插入图片命令

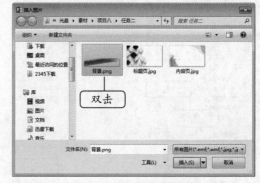

图8-33　双击插入图片

（3）插入图片后，将其移动到幻灯片顶部，然后调整图片大小，使其与幻灯片左右两边对齐，如图8-34所示。

（4）按【Ctrl+C】组合键复制图片，按【Ctrl+V】组合键粘贴图片，将其移动到幻灯片底部。然后单击"格式"选项卡，在"排列"组中单击 旋转 按钮，在弹出的列表中选择"垂直翻转"选项，如图8-35所示。

图8-34　调整图片位置与大小

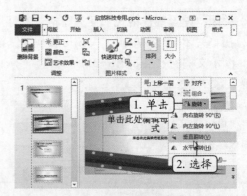

图8-35　复制与垂直翻转图片

（5）在【格式】/【排列】组中单击 旋转 按钮，在弹出的列表中选择"水平翻转"选项，如图8-36所示，使下方的图片与上方的图片对称。

（6）退出幻灯片母版视图，按【Enter】键新建一张幻灯片，在母版中设置标题幻灯片后，只对标题页有效，效果如图8-37所示。

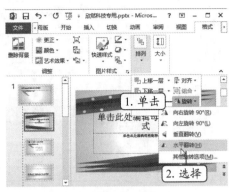

图8-36 水平翻转图片

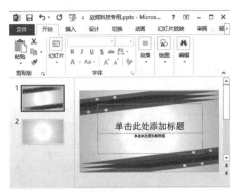

图8-37 查看设置效果

（三）设置占位符格式

演示文稿中各张幻灯片的占位符是固定的，如果要逐一更改占位符格式，既费时又费力，这时就可以在幻灯片母版中预先设置好各占位符的位置、大小、字体和颜色等格式，使幻灯片中的占位符都自动应用该格式。下面在"欣然科技专用.pptx"演示文稿中设置占位符，其具体操作如下。

微课视频

设置占位符格式

（1）在母版视图中选择第2张幻灯片中的标题占位符，在其中输入"演示文稿名称"，表示该占位符用于输入演示文稿的名称。然后设置占位符的文本格式为"方正兰亭粗黑简体、60、橙色，着色2"，如图8-38所示。

（2）选择副标题占位符，在其中输入"公司名称"，表示该占位符用于输入公司的名称，然后设置占位符的文本格式为"方正粗倩简体、32、蓝色"，如图8-39所示。

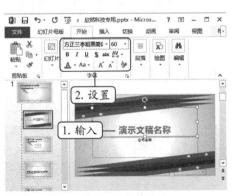

图8-38 设置标题占位符

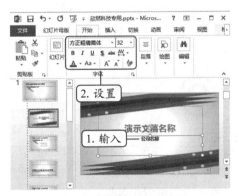

图8-39 设置副标题占位符

（3）选择第1张幻灯片，选择标题占位符，将字体格式设置为"方正粗倩简体、44"，如图8-40所示。

（4）选择标题占位符下方的正文占位符，将字体格式设置为"方正粗倩简体"，然后在【开始】/【段落】组中单击"项目符号"按钮☰，在弹出的列表中选择"项目符号和编号"选项，如图8-41所示。

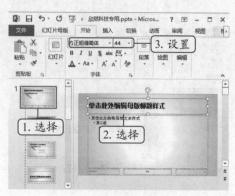

图8-40　设置占位符字体格

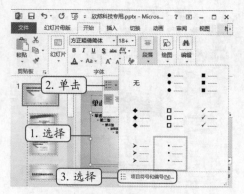

图8-41　执行项目符号命令

（5）打开"项目符号和编号"对话框，在其列表框中选择第4个项目符号，然后在"大小"数值框中输入"80%"，设置项目符号的大小，如图8-42所示。单击 确定 按钮，返回母版视图，可查看设置占位符文本格式和项目符号的效果，如图8-43所示。

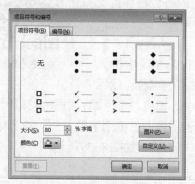

图8-42　设置项目符号

图8-43　查看占位符设置效果

操作提示

如何设置占位符

在幻灯片母版中，设置占位符的大小和位置，以及文本的大小、字体、颜色和段落格式的方法，与在普通视图中设置幻灯片占位符中文本的文本格式和段落格式的方法相同。

（四）设置页眉和页脚

通过幻灯片母版还可以为演示文稿中的所有幻灯片设置相同的页眉页脚，包括日期、时间、编号和页码等内容，从而使幻灯片看起来更加专业。下面首先在"欣然科技专用.pptx"演示文稿的母版中绘制形状，然后将页脚内容显示于形状上方，其具体操作如下。

微课视频

设置页眉页脚

（1）在幻灯片母版视图中选择第1张幻灯片，单击"插入"选项卡，在"插图"组中单击"形状"按钮♡，在弹出的列表框中选择"矩形"形状，在幻灯片底部绘制一个矩形，如图8-44所示。

（2）选中绘制的形状，将形状填充颜色设置为"蓝色，着色1"，取消轮廓颜色，然后在"格式"选项卡的"排列"组中单击"下移一层"按钮🖻，在弹出的列表中选择"置于底层"选项，如图8-45所示。

图8-44　绘制矩形

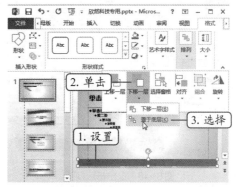

图8-45　将矩形置于底层

（3）单击"插入"选项卡，在"文本"组中单击"页眉和页脚"按钮🖻，如图8-46所示。

（4）打开"页眉和页脚"对话框的"幻灯片"选项卡，首先选中☑幻灯片编号(N)和☑页脚(F)复选框，并在☑页脚(F)复选框下方的文本框中输入页脚内容"欣然科技"，然后选中☑标题幻灯片中不显示(S)复选框，使标题幻灯片不显示页脚和编号内容，如图8-47所示，最后单击全部应用(Y)按钮。

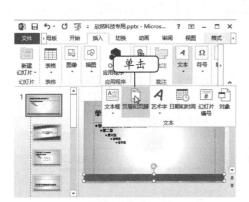

图8-46　进入页眉页脚编辑状态

图8-47　设置页脚和编号

操作提示

"备注和讲义"的页眉页脚设置

在"页眉和页脚"对话框中选择"备注和讲义"选项卡，可为备注幻灯片和讲义幻灯片添加幻灯片编号和页脚等内容，其设置方法与在"幻灯片"选项卡中进行设置的方法相同。

（5）设置编号和页脚内容后，在幻灯片编辑区将形状下移，使"页脚"和"幻灯片编号"文本框在形状中垂直居中显示，然后选中这2个文本框，将其字体格式设置为"微软雅黑、20、白色，背景1"，如图8-48所示。

（6）在第1张母版幻灯片中绘制的形状将在标题幻灯片中显示，此时选择标题幻灯片，单击"幻灯片母版"选项卡，然后在"背景"组中选中☑隐藏背景图形复选框，隐藏形状，如图

8-49所示。退出幻灯片母版视图后，保存演示文稿，完成专用母版的制作。

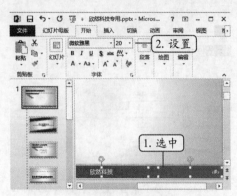
图8-48　退出母版视图

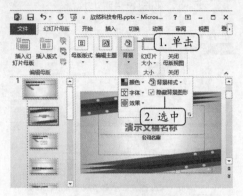
图8-49　演示文稿效果

任务三　为"业务员素质培训"演示文稿设置动画

老洪告诉米拉，大多数情况下，制作演示文稿的最终目的是对演示文稿进行放映演讲。对内容进行更好地展示，与观众进行更多的互动，实现互动目的的最好方式便是为某些需要强调或关键的对象设置动画效果。接下来，老洪让米拉为"业务员素质培训"演示文稿设置动画，以便更好地对业务员进行培训。

一、任务目标

本任务将为素材演示文稿中的文字、图片等对象设置动画，并在各张幻灯片之间添加切换效果。一般动画的播放效果如图8-50所示；自定义路径动画效果如图8-51所示。

通过本任务的学习，熟练掌握动画效果的设置和添加切换效果的方法。

图8-50　图片和组合文本动画

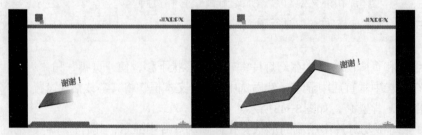
图8-51　自定义路径动画效果

| 素材所在位置 | 素材文件\项目八\任务三\业务员素质培训.pptx |
| 效果所在位置 | 效果文件\项目八\任务三\业务员素质培训.pptx |

一个优秀业务员需要具备的素质

职业素养

　　业务员是销售中关键的部分。一个优秀的业务员不仅销售产品和服务，还要不断开发市场，帮助公司建立起长期的市场地位，对于公司和个人的发展都是至关重要的。要想成为或培养一个优秀的业务员，应当具备这些基本素质：平衡、积极的心态；对公司制度的认同；意志力和良好的心理素质；要有执行力；团队合作心；要不断地学习。

二、相关知识

PowerPoint 2013提供了"进入""退出""强调"和"动作路径"4种类型的动画。各动画类型的含义如下。

● **进入动画**：对象最初并不在幻灯片编辑区，而是从其他位置，通过各种动画方式进入幻灯片。

● **退出动画**：对象最初在幻灯片编辑区显示，然后通过各种动画方式退出幻灯片。

● **强调动画**：强调动画在放映过程中不是从无到有的，而是一开始就存在于幻灯片中，放映时，对象颜色和形状会发生变化。

● **动作路径动画**：动作路径动画放映时，对象将沿着指定的路径进入幻灯片编辑区相应的位置，这类动画比较灵活，能够实现画面的千变万化。

三、任务实施

（一）添加内置动画

　　为了使制作出来的演示文稿更加生动，用户可为幻灯片中不同的对象设置不同的动画，使幻灯片中的对象以不同方式出现在幻灯片中。为了操作简便，PowerPoint 2013提供了丰富的内置动画样式，用户可以根据需要进行添加。下面在"业务员素质培训.pptx"演示文稿中，为各张幻灯片的对象添加动画，其具体操作如下。

微课视频

添加内置动画

（1）打开"业务员素质培训.pptx"演示文稿，选择第1张幻灯片，在幻灯片编辑区选择上方的文本框。单击"动画"选项卡，在"动画"组的列表框选择"擦除"选项，如图8-52所示。

（2）选择第1张幻灯片中的标题文本框，在【动画】/【动画】组的列表框中选择"缩放"选项，如图8-53所示。此时，在添加了动画的对象的左上角显示"2"，表示该动画为第2个动画。

（3）使用相同的方法为第1张幻灯片中的副标题文本框，添加"擦除"动画。

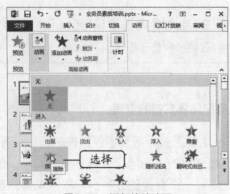

图8-52　添加擦除动画

图8-53　添加缩放动画

（4）选择第2张幻灯片左侧的图片，然后在【动画】/【动画】组的列表框中选择"弹跳"选项，如图8-54所示。

（5）继续在右侧选择第1个"1 脑勤"组合形状，为其添加"擦除"动画。此时，图片左上角显示编号"1"，组合形状显示编号"2"，如图8-55所示。

图8-54　添加弹跳动画

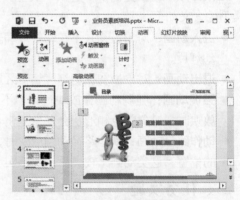

图8-55　添加其他动画

（6）选择第3张幻灯片左侧的图片对象，在【动画】/【动画】组的列表框中选择"轮子"选项，选择动画选项的同时，可预览图片呈现轮子般转动的动画效果，如图8-56所示。

（7）继续选择右侧的文本框，然后为其添加"浮入"动画，如图8-57所示。

图8-56　添加轮子动画

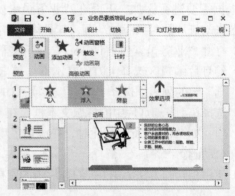

图8-57　添加浮入动画

（二）设置动画效果

　　给幻灯片中的文本或对象添加了动画效果后，还可以对其进行一定的设置，如动画的方向、开始方式、播放时间和速度，以及播放顺序等。下面在"业务员素质培训.pptx"演示文稿中为添加的动画设置效果，其具体操作如下。

微课视频
设置动画效果

（1）在"业务员素质培训.pptx"演示文稿中选择第1张幻灯片，在编辑区选择上方的文本框，单击"动画"选项卡。在"计时"组的"开始"下拉列表框中选择"上一动画之后"，将"持续时间"设置为"1秒"，如图8-58所示。

（2）保持文本框的选中状态，在"动画"组中单击"效果选项"按钮↑，在弹出的列表中选择"自左侧"选项，更改擦除动画的进入方向，如图8-59所示。

图8-58　设置动画计时

图8-59　更改动画方向

（3）继续将第1张幻灯片下方的2个文本框的动画开始方式设置为"上一动画之后"，将"持续时间"设置为"1秒"，其他设置保持默认状态。

设置动画的开始方式

　　选择"单击时"选项表示要单击鼠标后才开始播放该动画；选择"与上一动画同时"选项表示设置的动画将与前一个动画同时播放；选择"上一动画之后"选项表示设置的动画将在前一个动画播放完毕自动开始播放。设置后两种开始方式后，幻灯片中对象的序号将变得和前一个动画的序号相同。

（4）在第2张幻灯片中选择左侧的图片，在【动画】/【计时】组的"开始"列表框中选择"上一动画之后"选项，如图8-60所示。

（5）选择右侧的第1个组合形状，在【动画】/【计时】组的"开始"下拉列表框中选择"单击时"选项，将"持续时间"设置为"1秒"，如图8-61所示。

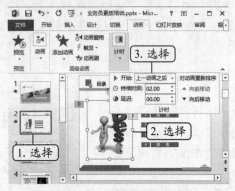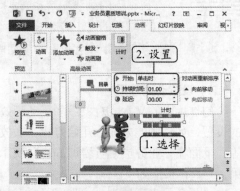

图8-60　设置动画开始方式　　　　　　　图8-61　设置动画计时

（6）将第3张幻灯片左侧图片的动画计时设置为"上一动画之后、2秒"。然后选择右侧的文本框，在【动画】/【高级动画】组中单击 动画窗格 按钮。打开动画任务窗格，在文本框动画选项上单击鼠标右键，在弹出的快捷菜单中选择"计时"命令，如图8-62所示。

（7）打开"上浮"对话框的"计时"选项卡，在"开始"下拉列表框中选择"单击时"选项，如图8-63所示。

图8-62　选择计时命令　　　　　　　　　图8-63　设置动画开始方式

（8）在"上浮"对话框中单击"正文文本动画"选项卡，然后在"组合文本"下拉列表框中选择"按第一级段落"选项，单击 确定 按钮，如图8-64所示。

（9）关闭动画任务窗格，然后在【动画】/【预览】组中单击"预览"按钮★，预览动画效果，如图8-65所示。

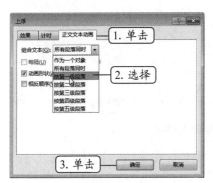

图8-64　设置组合文本动画效果

图8-65　预览动画效果

（三）利用动画刷复制动画

微课视频
利用动画刷复制动画

PowerPoint 中的动画刷与 Word 中的格式刷功能类似，可以轻松快速地复制动画效果，方便对同一对象（图像、文字等）设置相同的动画效果和动作方式。下面在"业务员素质培训.pptx"演示文稿中利用格式刷复制动画，其具体操作如下。

（1）在"业务员素质培训.pptx"演示文稿中选择第2张幻灯片，在编辑区选择左侧第1个组合形状，在【动画】/【高级动画】组中连续2次单击★动画刷按钮，在其下方的第2个组合形状上单击复制动画，如图8-66所示。

（2）继续在第3个和第4个组合形状单击复制动画，如图8-67所示。

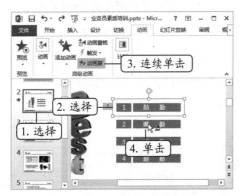

图8-66　启用动画刷

图8-67　复制动画

操作提示

单击与连续单击★动画刷按钮的应用区别

　　选择应用了动画的对象后，单击★动画刷按钮，只能使用一次动画刷，再次单击该按钮才可继续使用；而连续单击2次★动画刷按钮，可重复使用动画刷复制动画。

（3）继续使用动画刷为第5张幻灯片中的图片、第6张幻灯片左侧的组合形状、第7张幻灯片中的3个组合形状复制应用的擦除动画，如图8-68所示。完成复制动画操作后，再次单击 ★ 动画刷 按钮，停用动画刷。

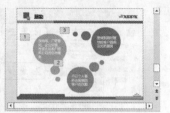

图8-68　为其他对象复制擦除动画

（4）在第3张幻灯片中选择应用"轮子"动画的图片对象，在【动画】/【高级动画】组中连续2次单击 ★ 动画刷 按钮，如图8-69所示。

（5）选择第4张幻灯片，依次单击右侧的2个组合图形，复制"轮子"动画，如图8-70所示。再次单击 ★ 动画刷 按钮，停用动画刷。

图8-69　启用动画刷

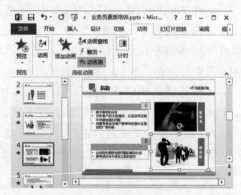

图8-70　复制动画

（6）在第3张幻灯片中选择右侧应用"浮入"动画的文本框，启用动画刷，为第4张幻灯片左侧的2个文本框复制"浮入"动画。然后单击 动画窗格 按钮，打开动画任务窗格。在窗格中选择上方文本框的动画选项，按住鼠标左键不放，将该动画选项拖动到第1个组合图形动画选项的下方，如图8-71所示。

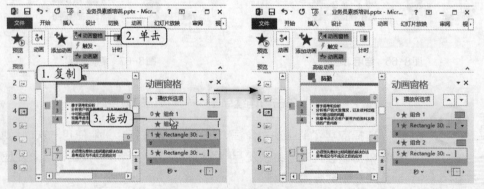

图8-71　调整动画播放顺序

（7）继续使用动画刷，为第5张幻灯片上方的文本框、第6张幻灯片的3个文本框复制浮入动画。复制动画后，停用动画刷。

（四）自定义路径动画

　　默认的路径动画选项有时或许满足不了用户的需求，用户可以按照自己的思路绘制路径，让对象根据绘制的路径进行规律运动。下面在"业务员素质培训.pptx"演示文稿中，通过自定义路径设置片尾动画，其具体操作如下。

（1）选择最后一张幻灯片中间的图形，为其添加"自左侧"的擦除动画，然后将动画开始方式设置为"上一动画之后"，将"持续时间"设置为"2秒"，如图8-72所示。

（2）选择"谢谢！"文本框，在【动画】/【动画】组的列表框中，选择"动作路径"栏中的"自定义路径"选项，如图8-73所示。

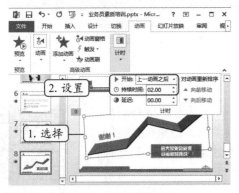

图8-72　设置图形的动画

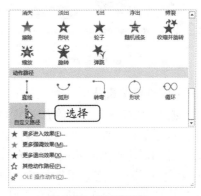

图8-73　自定义路径

（3）此时将鼠标指针移到幻灯片上，将变成十字形状＋。首先将鼠标指针移动到文本框上单击，作为路径的起点，然后拖动鼠标绘制动作路径，用鼠标单击可在需要的地方形成转折点，如图8-74所示。

（4）绘制完成后双击鼠标，确定路径的终点，此时路径起点显示为绿色箭头样式，终点显示为红色箭头样式，如图8-75所示。

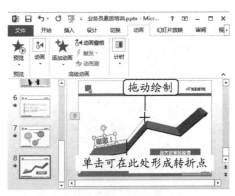

图8-74　绘制路径

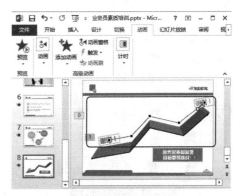

图8-75　完成绘制

（5）选择路径动画，将其开始方式设置为"与上一动画同时"，持续时间为"2秒"，与上一个图形动画同时播放，且持续时间相同，如图8-76所示。设置后再选择幻灯片右下角的组合图形，为其添加"缩放"动画，开始方式设置为"上一动画之后"，持续时间为"1秒"。

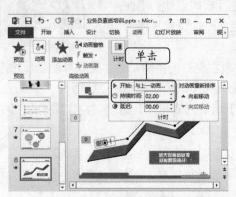

图8-76 设置动画计时

调整路径节点

为幻灯片中的对象绘制动作路径后，默认情况下，会自动对设置的动作路径进行播放，如果效果不佳，可及时对其进行修改。其方法是，在路径上单击鼠标右键，在弹出的快捷菜单中选择"编辑顶点"命令，然后将鼠标指针移到节点上，拖动鼠标移动顶点位置即可。

（五）设置切换效果

为幻灯片中的各个对象添加设置动画效果后，可进一步对幻灯片的切换效果进行动画设计。为幻灯片添加切换动画，是指在放映幻灯片时，各幻灯片进入屏幕或离开屏幕时以动画效果显示，使幻灯片与幻灯片之间产生动态效果衔接更加连贯。下面在"业务员素质培训.pptx"中添加幻灯片的切换效果，其具体操作如下。

微课视频

设置切换效果

（1）在"业务员素质培训.pptx"演示文稿中选择第1张幻灯片，选择【切换】/【切换到此幻灯片】组，然后单击"切换样式"按钮▓，在弹出的列表框中选择需要的切换选项即可，这里选择"涡流"选项，如图8-77所示。

（2）在"切换到此幻灯片"组中单击"效果选项"按钮▓，在弹出的列表中选择"自右侧"选项，如图8-78所示。

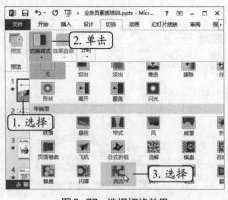

图8-77 选择切换效果

图8-78 设置方向

（3）在"计时"组的"声音"下拉列表框中选择"风铃"，设置切换时的声音效果；将"持续时间"设置为"3秒"；在"换片方式"栏中选中☑单击鼠标时复选框，设置单击鼠标时切换幻灯片；单击▓全部应用按钮，如图8-79所示，为其他幻灯片应用同样的切换动画。

（4）在【切换】/【预览】组中单击"预览"按钮 ，可预览幻灯片切换效果，如图8-80所示。完成切换效果的设置后，保存演示文稿，完成本任务的操作。

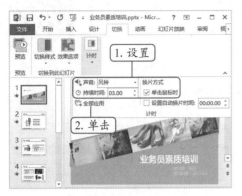

图8-79　设置切换计时

图8-80　预览切换效果

实训一　设置"新品上市营销策略"演示文稿

【实训要求】

本实训要求对"新品上市营销策略"演示文稿进行设置，包括插入声音文件和视频文件、添加并设置动画效果、应用切换效果、设置切换声音和速度等。制作完成后的参考效果如图8-81所示。

素材所在位置　素材文件\项目八\实训一\新品上市营销策略
效果所在位置　效果文件\项目八\实训一\新品上市营销策略.pptx

图8-81　"新品上市营销策略"演示文稿最终效果

【专业背景】

新品上市营销策略是为了推广新产品，完成营销任务，借助科学方法与创新思维，立足于企业现有营销状况，对企业新品的营销发展做出战略性的决策和指导，此类演示文稿中通常包含声音和视频以及动画等。

【实训思路】

完成本实训非常简单，打开"新品上市营销策略.pptx"素材文件后，首先在目标幻灯片中插入声音和视频文件，并对声音图标和视频样式进行设置。然后依次设计幻灯片的切换效果，并为幻灯片中的各个对象添加动画效果。

【步骤提示】

（1）打开"新品上市营销策略.pptx"素材文件，选择第1张幻灯片，插入"背景音乐.mp3"声音文件，并设置声音图标。

（2）在第5张幻灯片中插入"宣传视频.wmv"文件，设置为"旋转，渐变"视频样式。

（3）第1张幻灯设置"碎片"切换效果，第2张幻灯片设置"百叶窗"切换效果，第3~9张幻灯片设置"摩天轮"切换效果。

（4）依次为幻灯片中的各个对象设置动画。

实训二　设置"楼盘投资策划书"演示文稿

【实训要求】

本实训要求对"楼盘投资策划书"演示文稿进行设置，包括设计幻灯片母版、设置幻灯片切换方案、设置动画等。制作策划书需要明确目的，对实际情况进行分析。本实训完成后的效果如图8-82所示。

素材所在位置　素材文件\项目八\实训二\楼盘投资策划书

效果所在位置　效果文件\项目八\实训二\楼盘投资策划书.pptx

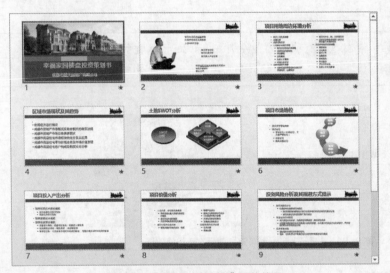

图8-82　"楼盘投资策划书"最终效果

【专业背景】

楼盘投资策划书是房产相关单位为了达到招商融资或阶段性发展目标，在经过前期对项目科学地调研、分析、搜集与整理有关资料的基础上，根据一定的格式和内容的具体要求而编辑整理的一个全面展示公司和项目状况、未来发展潜力与执行策略的书面材料。

【实训思路】

完成本实训可以先通过幻灯片母版制作幻灯片的统一模板，再为幻灯片设置切换方案以及对其中的文本和图形对象添加动画效果。

【步骤提示】

（1）打开"楼盘投资策划书.pptx"素材演示文稿，进入幻灯片母版，选择第1张幻灯片，在幻灯片下方绘制一个矩形，取消轮廓，将其填充为"灰色−80%"并置于底层。然后使用相同方法绘制其他形状。

（2）插入"2.jpg"图片，移动到幻灯片右上角，然后调整标题占位符的位置，并将其字体设置为"微软雅黑""44""灰色−25%，背景2，深色50%"，再将内容占位符的字体设置为"微软雅黑"。

（3）选择第2张幻灯片，选择【幻灯片母版】/【背景】组，选中☑隐藏背景图形复选框，然后复制第1张幻灯片中下方的4个形状，将其复制到第2张幻灯片中，并对其大小和位置进行适当地调整，然后插入"1.jpg"图片并进行设置。

（4）设置幻灯片的切换动画以及各张幻灯片中对象的动画效果。

课后练习

练习1：设计"少儿英语"课件

下面将根据提供的素材文件"少儿英语.pptx"演示文稿，设计出有声有色的演示课件。通过练习，巩固在幻灯片中插入声音文件和设置动画的操作，效果如图8-83所示。

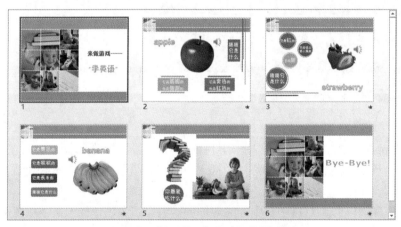

设计"少儿英语"课件

图8-83 "少儿英语"演示文稿最终效果

 素材所在位置 素材文件\项目八\课后练习\"少儿英语"课件
效果所在位置 效果文件\项目八\课后练习\"少儿英语"课件.pptx

操作要求如下。

● 在第2~4张幻灯片中录入教学英语（apple、strawberry、banana）的声音文件，并对声音文件图标进行美化。
● 设置幻灯片的切换效果。

● 为英语对应的每张水果图片添加"轮子"动画效果，可使用动画刷复制动画。

练习2：制作"管理培训"演示文稿

下面将制作"管理培训"演示文稿，管理培训是为了使企业负责人、团队领导人、职业经理人拥有更优良的管理技能。练习如何在幻灯片母版下设置样式，设置SmartArt图形和动画。参考效果如图8-84所示。

素材所在位置	素材文件\项目八\课后练习\管理培训.pptx
效果所在位置	效果文件\项目八\课后练习\管理培训.pptx

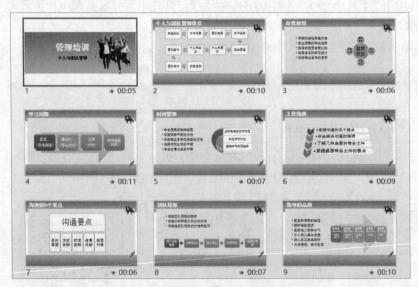

微课视频

制作"管理培训"演示文稿

图8-84 "管理培训"演示文稿最终效果

操作要求如下。

● 打开"管理培训.pptx"素材文件，在第1张幻灯片中输入并设置标题文本。

● 新建8张幻灯片，输入标题，分别在幻灯片中插入SmartArt图形，输入文本并设置其格式，颜色应与背景相似。

● 进入幻灯片母版，在第1张幻灯片中将中间的矩形形状填充"金色，强调文字颜色4，淡色80%"。

● 设置幻灯片的切换动画以及各张幻灯片中对象的动画效果。

技巧提升

1.用浮动工具栏设置音/视频文件格式

在音/视频文件图标上单击鼠标右键，在弹出的浮动工具栏中将出现"修剪"按钮 和"样式"按钮 ，单击"修剪"按钮 可对音/视频文件进行剪辑操作；单击"样式"按钮 ，可设置音/视频文件放映时的图标样式，而在视频浮动工具栏中多了一个"开始"按钮 ，单击该按钮，在弹出的列表中可设置视频播放的方式，如图8-85所示。

图8-85　音/视频文件的浮动工具栏

2. 设置幻灯片页面大小

幻灯片的页面设置是指幻灯片页面的长宽比例，也就是通常所说的页面版式。PowerPoint 2013默认的幻灯片长宽比例为16：9（宽屏）。根据实际需要，可单击"设计"选项卡，在"自定义"组中单击"幻灯片大小"按钮□，在弹出的列表中选择"标准4：3"选项，可设置为标准的4：3比例。选择"自定义幻灯片"选项，可打开"幻灯片大小"对话框，在"幻灯片大小"下拉列表框中选择"自定义"选项，可自定义页面宽度和高度，如图8-86所示。

图8-86　设置幻灯片页面大小

3. 快速替换演示文稿中的字体

该方法可根据现有字体进行一对一替换，不会影响其他的字体对象，无论演示文稿是否使用了占位符，这种方法都可以替换字体，所以实用性很强。其方法为，在【开始】/【编辑】组中单击 替换·按钮，在弹出的列表中选择"替换字体"选项，打开"替换字体"对话框，在其中选择要替换的字体，单击 替换(R) 按钮即可，如图8-87所示。

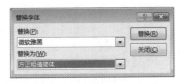

图8-87　替换字体

4. 设置不断放映的动画效果

为幻灯片中的对象添加动画效果后，该动画效果将采用系统默认的播放方式，即播放一次，而在实际需要中有时需要将动画效果设置为不断重复放映，从而实现动画效果的连贯性。方法是，在动画任务窗格中的该动画选项上单击鼠标右键，在弹出的快捷菜单中选择

"计时"命令，在打开对话框的"计时"选项卡的"重复"下拉列表框中选择"直到下一次单击"选项，这样动画就会连续不断地播放。

在"动画窗格"任务窗格中可以按先后顺序依次查看设置的所有动画效果，选择某个动画效果选项可切换到该动画所在对象。动画右侧的绿色色条表示动画的开始时间和时长，指向它时将显示具体的设置。

5. 设置连续放映的动画效果

动画在PowerPoint中使用比较频繁，很多演示文稿制作者为了吸引观众的眼球，都会对幻灯片中的对象添加一些动画效果，以使演示文稿的内容更生动、有趣。虽然添加动画可以提升演示文稿的整体效果，但不合适的动画也会为演示文稿减分，所以，在制作动画效果时，必须要注意以下一些问题。

- 无论是什么动画，都必须遵循事物本身的运动规律，因此制作时要考虑对象的前后顺序、大小和位置关系以及与演示环境的协调等，这样才符合常识。如由远到近时对象会从小到大，反之也如此。

- 幻灯片动画的节奏要比较快速，一般不用缓慢的动作，同时一个精彩的动画往往是具有一定规模的创意动画，因此制作前最好先设想好动画的框架与创意，再去实施。

- 根据演示场合制作适量的动画，对于一些严谨的商务演示，如工作报告等，就不要制作过多的修饰动画，这类演示一定要简洁、高效。

PART 9

项目九
添加交互与放映输出

情景导入

老洪：米拉，你已经熟练掌握了演示文稿的制作方法。这次你来承担公司新品发布演示文稿的放映工作。

米拉：我可以吗？

老洪：当然可以，要相信自己能行。但在放映前要做好相关的准备工作，包括是否设计放映计时和添加旁白等，放映时还可以在演示文稿中设置交互，以便更好地控制放映。

米拉：好的，我知道了！

学习目标

- 掌握使用超链接和动作按钮设置交互的方法
- 掌握利用触发器设置控制按钮的方法
- 掌握放映设置和控制放映的方法
- 掌握输出演示文稿的常用方法

技能目标

- 为"支付腕带营销推广"添加交互功能
- 放映输出"亿联手机发布"演示文稿

任务一　为"支付腕带营销推广"添加交互功能

米拉了解到，在演示文稿中添加交互功能，能够帮助演讲者在放映演示文稿时，在幻灯片之间自如切换幻灯片。在PowerPoint 2013中，幻灯片中的文本、图像、形状等对象都可设置为交互的对象。在实际制作中，通常会选择为文字内容创建超链接或动作来实现，另外也可利用触发器设置媒体文件的播放交互实现。

一、任务目标

本任务将为"支付腕带营销推广"演示文稿添加交互功能，包括设置文本、图片的超链接和动作，并绘制动作按钮实现交互。本任务制作完成后的参考效果如图9-1所示。

通过本任务的学习，用户除了可在演示文稿中插入不同的对象来丰富演示文稿的内容外，还可通过应用超链接和动作按钮，制作出具有交互式功能的演示文稿。

素材所在位置　素材文件\项目九\任务一\支付腕带营销推广
效果所在位置　效果文件\项目九\任务一\支付腕带营销推广.pptx

图9-1　为"产品营销推广"添加交互功能的效果

职业素养

"产品营销推广"的意义

"产品营销推广"是公司常用的一种演示文稿类型，通常公司研发出新产品时，都会在市场中大力推广，演示文稿的展示和流通将发挥巨大的作用，从而让产品消息迅速传播，达到营销宣传的目的。通常，产品营销推广演示文稿包含产品介绍信息、产品的功能、产品的特色等，这类演示文稿分为多个部分，在演示文稿的前部分将会制作一个目录页，用于罗列出内容大纲，并添加链接，能够实现内容的快速跳转，即从一张幻灯片到另一张幻灯片的跳转，让受众更快接受新产品的各类信息。

二、相关知识

在演示文稿中设置交互功能，通常是通过添加超链接和动作实现的。超链接通过"插入超链接"对话框进行设置，如图9-2所示；动作通过"操作设置"对话框设置实现，如图9-3所示。

图9-2　"插入超链接"对话框　　　　图9-3　"操作设置"对话框

（一）"插入超链接"对话框

"插入超链接"对话框中各选项的含义和作用如下。

- **"现有文件或网页"选项**：用于创建指向现有演示文稿的超链接。在幻灯片中选择需要创建超链接的对象，打开"插入超链接"对话框，在"链接到"列表框中选择"现有文件或网页"选项，然后在"查找范围"下拉列表中选择要链接的外部演示文稿的位置，在其下方的列表框中选择目标演示文稿。放映幻灯片时，将鼠标指针移到链接对象上将显示链接的演示文稿保存地址。

- **"本文档中的位置"选项**：用于创建指向演示文稿中幻灯片的超链接。在幻灯片中选择需要创建超链接的对象，在"插入超链接"对话框的"链接到"栏中选择"本文档中的位置"选项，在"请选择文档中的位置"列表框中选择链接的幻灯片即可。

- **"新建文档"选项**：用于创建指向新文件的超链接。在幻灯片中选择需要创建超链接的对象，在"插入超链接"对话框的"链接到"栏中选择"新建文档"选项，在"新建文档名称"文本框中输入文件名称，在"何时编辑"栏中设置编辑时间。返回幻灯片编辑区，单击创建链接的对象，即可打开新建的演示文稿。

- **"电子邮件地址"选项**：用于创建指向电子邮件地址的超链接。在幻灯片中选择需要创建超级链接的对象，在打开的"插入超链接"对话框中选择"电子邮件地址"选项，在"电子邮件地址"文本框中输入链接的邮箱地址，在"主题"文本框中输入相应的文本。放映幻灯片，将鼠标指针移到链接的对象上，将显示文本。

- **"要显示的文字"文本框**：该文本框用于显示当前幻灯片中所选择的文本。

- 屏幕提示(P)... **按钮**：通过该按钮可以为链接的对象设置屏幕提示信息，设置屏幕提示信息后，放映幻灯片时，将鼠标指针移动到链接对象上，将显示设置的屏幕提示信息。设置屏幕提示信息的方法是：在"插入超链接"对话框中为对象创建超链接后，单击 屏幕提示(P)... 按钮，打开"设置超链接屏幕提示"对话框，在"屏幕提示文字"文本框中输入提示信息即可。

（二）"操作设置"对话框

"操作设置"对话框包括"单击鼠标"和"鼠标悬停"选项卡，选项卡中的选项完全相同。"单击鼠标"是指设置后，单击鼠标可以链接跳转到目标；"鼠标悬停"是指设置后，当鼠标指针停放到超链接内容上时，可以链接跳转到目标。各选项的含义和作用如下。

- ◉ 无动作(N)单选项：若呈选中状态，表示没有创建任何动作；若呈未选中状态，则表示创建了单击鼠标时跳转的动作。
- ◉ 超链接到(H)单选项：选中该单选项，在其下拉列表中可选择链接的目标选项。
- ◉ 运行程序(R)单选项：选中该单选项，表示要链接到某个程序，在下方的文本框中输入要运行的程序，或单击 浏览(B) 按钮，打开"选择一个要运行的程序"对话框，在其中选择需运行的程序，依次单击 确定 按钮即可。
- ☑ 播放声音(P):和 ☑ 单击时突出显示(C)复选框：用于在单击鼠标时播放声音和突出显示。
- ◉ 对象动作(A)和 ◉ 运行宏(M)单选项：使用比较少，一般都处于灰色不可用状态，需要在特定的条件下才能被激活。

三、任务实施

（一）通过创建超链接实现交互

一些大型的演示文稿内容繁多，信息量很大，通常会设计一个目录页，用户可为目录页的内容添加超链接，可以跳转到具体介绍的幻灯片页面，当然也可任意选择对象跳转到需要的位置。下面在"支付腕带营销推广.pptx"演示文稿中的第4张幻灯片目录中创建超链接，其具体操作如下。

微课视频

通过创建超链接实现交互

（1）打开"支付腕带营销推广.pptx"演示文稿，在第4张幻灯片中选择目标文本内容。在【插入】/【链接】组中单击"超链接"按钮🌐，如图9-4所示。

（2）打开"插入超链接"对话框，在"链接到"列表框中选择"本文档中的位置"选项；在"请选择文档中的位置"列表框中选择链接到的幻灯片，这里选择第24张幻灯片选项；单击 确定 按钮，如图9-5所示。

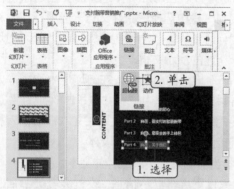

图9-4　选择设置文本内容链接

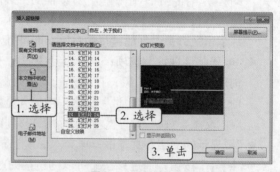

图9-5　设置链接目标

（3）返回幻灯片，即可查看到选择的"自在，关于我们"文字内容添加超链接后的效果，其颜色发生改变，为默认的蓝色。放映幻灯片时，将鼠标指针移到"Part 1"中的文字内容上，鼠标指针变为手型🖑，单击鼠标即可跳转到第24张幻灯片，如图9-6所示。

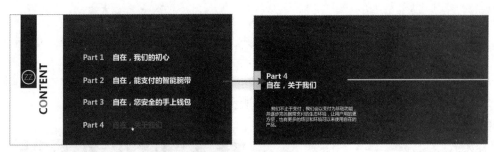

图9-6 查看链接效果

（4）单击超链接后，文本颜色将发生改变，默认显示为紫色，如图9-7所示。然后使用相同方法，分别将"Part 3""Part 2""Part 1"中的文字内容链接到第19张、第9张、第5张幻灯片，效果如图9-8所示。

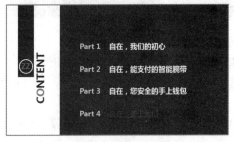

图9-7 单击超链接后的效果

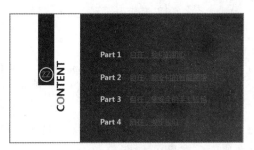

图9-8 设置其他超链接

（二）创建动作实现交互

在幻灯片中通过创建动作同样可实现添加超链接的目的，而且动作比超链接能实现更多的跳转和控制功能。下面在"支付腕带营销推广.pptx"演示文稿中的第10张幻灯片中创建动作，实现超链接功能，其具体操作如下。

微课视频

创建动作实现交互

（1）在第10张幻灯片中选择目标文本内容"娱乐支付"，在【插入】/【链接】组中单击"动作"按钮★，如图9-9所示。

（2）打开"操作设置"对话框，单击"单击鼠标"选项卡，选中◉ 超链接到(H): 单选项，然后在下拉列表中选择"幻灯片"选项，如图9-10所示。

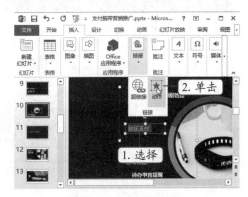

图9-9 执行动作命令

图9-10 启用链接

（3）打开"超链接到幻灯片"对话框，在"幻灯片标题"列表框中选择需要链接到的幻灯片，这里选择第22张幻灯片，单击 确定 按钮，返回"操作设置"对话框，单击 确定 按钮，如图9-11所示。

（4）使用相同的方法，分别将"刷公交抬手支付""刷校园抬手支付"中的文字内容链接到第12张、第13张幻灯片，效果如图9-12所示。

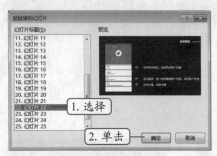

图9-11　选择链接目标

图9-12　添加其他链接

（5）选择最后一张幻灯片中的Logo图片，在【插入】/【链接】组中单击"动作"按钮★，打开"操作设置"对话框的"单击鼠标"选项卡，选中 ⊙ 超链接到(H):单选项，然后在下拉列表中选择"第一张幻灯片"选项，如图9-13所示。

（6）放映时，将鼠标指针移到Logo图片上，鼠标指针变为手型 ，单击鼠标将跳转到第1张幻灯片，如图9-14所示。

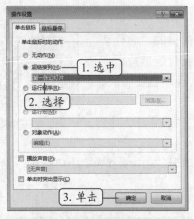

图9-13　添加图片超链接

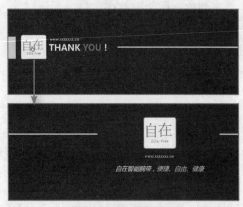

图9-14　查看链接效果

（三）更改文本链接默认显示颜色

将文本内容设置为超链接后，单击前后超链接的颜色都呈默认显示，该颜色可能无法与幻灯片整体效果融合，无法突出内容，此时可更改文本超链接的颜色，使其更清晰地显示。下面在"支付腕带营销推广.pptx"演示文稿中更改文本链接的默认颜色，其具体操作如下。

微课视频

更改文本链接默认
显示颜色

（1）选择第4张幻灯片，选择【设计】/【变体】组，在"变体"列表框中选择"颜色"选项，再在其子列表中选择任意一种颜色选项，这里选择"自定义颜色"选项，如图9-15所示。

（2）打开"新建主题颜色"对话框，在"名称"文本框中输入新建主题的名称。单击"超链接"栏中的颜色按钮 ▨▼，在弹出的列表中选择"橙色"选项；单击"已访问的超链接"栏中的颜色按钮 ▨▼，在弹出的列表中选择"绿色"选项，单击 保存(S) 按钮，如图9-16所示。

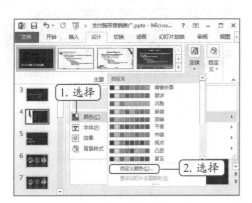

图9-15　自定义链接颜色

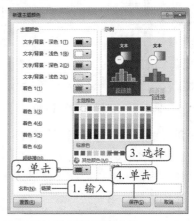

图9-16　设置链接颜色

（3）此时演示文稿中，所有的文本超链接的默认颜色都将发生更改，单击前为橙色，单击后为绿色，如图9-17所示。

195

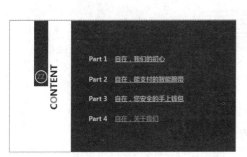

图9-17　查看更改效果

取消链接设置

知识补充

若是用户需要取消添加的文本超链接，可以选择设置了超链接的文本后，在打开的"编辑超链接"对话框中单击"删除链接"按钮。

（四）创建动作按钮

除了通过创建超链接和动作实现交互功能外，用户还可为幻灯片中的对象自行绘制动作按钮，来实现幻灯片的交互功能，同时可扩充幻灯片的内容。通过动作按钮实现交互的设置与动作的设置相似，区别在于动作按钮实现交互的对象是绘制的按钮，通过单击绘制的动作按钮实现链接跳转。下面在"支付腕带营销推广.pptx"演示文稿中的第2张幻灯片中创建动作按钮，并为创建的动作按钮设置格式，使其颜色和样式更协调和美观，其具体操作如下。

微课视频

创建动作按钮

（1）在第2张幻灯片中选择【插入】/【插图】组，单击"形状"按钮 ▷，在弹出的列表中选择"动作按钮：后退或前一项"选项，如图9-18所示。

（2）此时，鼠标指针将变成十字形状 +。拖动鼠标在幻灯片右下角绘制一个动作按钮，如图9-19所示。

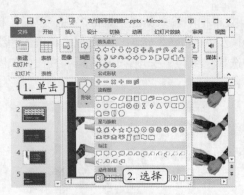

图9-18　选择动作按钮类型

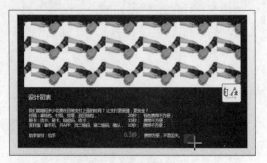

图9-19　绘制动作按钮

（3）绘制完成并释放鼠标后，将打开"操作设置"对话框，保持默认链接到上一张幻灯片设置，单击 确定 按钮。

（4）使用相同的方法，绘制"前进或下一项""开始""结束"动作按钮，分别链接跳转到下一张幻灯片、第一张幻灯片、最后一张幻灯片，如图9-20所示。

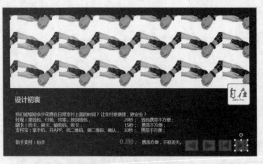

图9-20　绘制其他动作按钮

知识补充

在幻灯片母版中绘制动作按钮

　　如果要为演示文稿中的每张幻灯片都添加相同的动作按钮，可进入幻灯片母版绘制。

（5）选择第2张幻灯片中所有的动作按钮，在【格式】/【形状样式】组的样式列表框中选择"强烈效果，橙色，强调颜色6"选项，如图9-21所示。

（6）在【格式】/【形状样式】组中单击"形状效果"按钮 ，在弹出的列表中选择"映像"选项，在其子列表中选择"半映像，接触"选项，如图9-22所示。

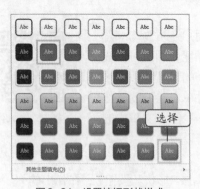

图9-21　设置按钮形状样式

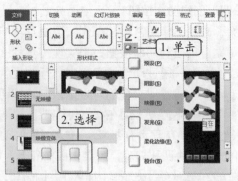

图9-22　设置按钮形状效果

（7）完成设置后可查看其格式效果，放映时，当鼠标指针移到按钮上时，将变为手型 ，单击鼠标即可链接跳转到目标幻灯片，如图9-23所示。

图9-23 查看动作按钮链接效果

知识补充

精确设置动作按钮的大小和位置

为保证绘制的每个动作按钮大小相等，可在【格式】/【大小】组中将"高度"和"宽度"值设置为一致，如需使绘制的动作按钮在同一水平线，则可在【格式】/【排列】组中设置对齐方式。另外，还可通过鼠标拖动调整大小和所在位置。

（五）利用触发器制作控制按钮

利用触发器制作控制按钮，可以控制幻灯片中多媒体对象的播放，从而实现媒体文件的播放交互。下面首先在"支付腕带营销推广.pptx"演示文稿中插入视频文件，并对视频进行适当的设置，然后利用触发器制作播放与暂停按钮，来控制插入的视频的播放。其具体操作如下。

微课视频

利用触发器制作
控制按钮

（1）在"支付腕带营销推广.pptx"演示文稿中新建"空白"版式幻灯片，如图9-24所示，然后将其移到首页。

（2）选择新建的幻灯片，在【插入】/【媒体】组中单击"视频"按钮，在弹出的列表中选择"PC上的视频"选项，如图9-25所示。

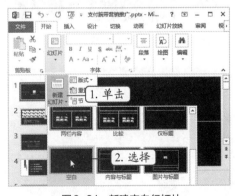

图9-24 新建空白幻灯片

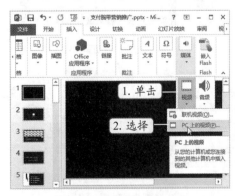

图9-25 执行插入视频命令

（3）打开"插入视频文件"对话框，选择视频文件所在的位置，双击需要插入的"片头.mov"，如图9-26所示。

（4）插入视频后，对视频画面的黑边进行裁剪，并调整其位置和大小。然后在视频文件的下方绘制圆角矩形，在其中输入文本"PLAY"，将字体格式设置为"Times New Roman、18、白色，文字1"，将形状样式设置为"强烈效果－橙色，强调颜色6"，如图9-27所示。

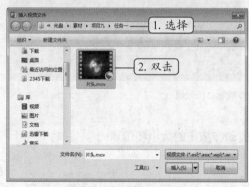

图9-26 插入片头视频

图9-27 绘制"播放"按钮

（5）在幻灯片编辑区中选择视频文件，选择【动画】/【动画】组，在其列表框中选择"媒体"栏中的"播放"选项，如图9-28所示。

（6）保持视频文件动画的开始方式为"单击时"，然后在"高级动画"组中单击 触发 按钮，在弹出的列表中选择"单击/圆角矩形6"选项，即设置单击下方的矩形按钮，将播放视频文件，如图9-29所示。

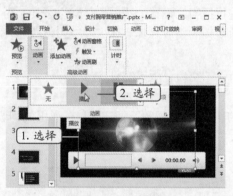

图9-28 设置动画样式

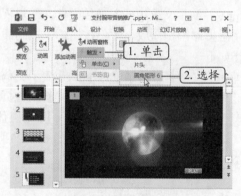

图9-29 设置触发条件

设置开始方式为"单击时"

为视频设置触发器，必须将视频文件动画的开始方式设置为"单击时"，否则触发器无法控制视频播放。

（7）将设置好的"PLAY"形状复制到其左侧，将文本修改为"PAUSE"，然后选择媒体文件，在【动画】/【高级动画】组中单击"添加动画"按钮★，在弹出的列表框中选择"媒体"栏中的"暂停"选项，如图9-30所示。

（8）在"高级动画"组中单击 触发 按钮，在弹出的列表中选择"单击/圆角矩形7"选项，即设置单击下方的"PAUSE"按钮，将暂停播放视频，如图9-31所示。使用触发器时，会自动对其中的对象进行编号，所以这里产生了"圆角矩形6"和"圆角矩形7"两个对象。设置触发器时，可忽略编号，着重确认形状上的文本与需要设置的动作是否一致即可。

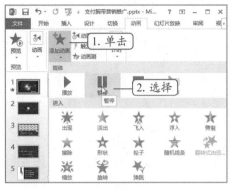

图9-30　添加暂停动画

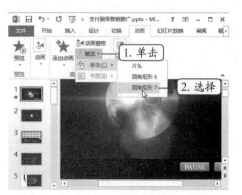

图9-31　设置触发条件

任务二　放映输出"亿联手机发布"演示文稿

接下来需要对"亿联手机发布"演示文稿进行放映设置，并且可以将演示文稿输出为图片、视频等类型，方便观看者通过不同方式浏览新品上市的相关信息。老洪告诉米拉，放映幻灯片需要在"幻灯片放映"选项卡中进行，米拉立即照老洪的提示进行操作。

一、任务目标

本任务放映输出"亿联手机发布"演示文稿。在放映前，应该先做放映准备，因为不同的放映场合，对演示文稿的放映要求会有所不同，所以放映过程中，还需对幻灯片进行切换。

通过本任务的学习，重点掌握放映前的设置和放映时控制放映的方法。本任务中放映和输出为视频的效果如图9-32所示。

素材所在位置　素材文件\项目九\任务二\亿联手机发布.pptx
效果所在位置　效果文件\项目九\任务二\亿联手机发布

图9-32　放映和输出为视频的效果

职业素养

> ### "新品上市发布"的制作要求
>
> 　　新品上市发布是指公司或企业新产品即将面世，从而在发布会上展示。"新品上市发布"演示文稿是公开展示的，因此在制作时，介绍产品部分需要罗列出其精华内容，通常需要包括产品质量、产品组成、产品新功能、产品特点等。既然要对演示文稿的内容进行展示，就需要掌握演示文稿的放映知识，学会控制放映，以便和与会者形成互动。

二、相关知识

（一）放映方式及其适合的场所

一份完整的演示文稿制作完成后，就可以正式放映。演示文稿的放映方式及其适合的场所主要有如下几种。

- **演讲者放映（全屏幕）**：演讲者放映（全屏幕）是最常用的放映方式，通常用于演讲者为主导演示时。在该演示方式下，演讲者具有对放映的完全控制，并可用自动或人工方式运行幻灯片放映，演讲者可以暂停幻灯片放映，以添加会议细节，还可以在放映过程中录下旁白。另外使用此方式，还可将幻灯片放映投射到大屏幕上，用于主持联机会议或广播演示文稿。
- **观众自行浏览（窗口）**："观众自行浏览（窗口）"放映方式适合在展厅展示的场合下进行，观众可以自己浏览。或通过网络观看，演示文稿会出现在小型窗口内，并提供在放映时移动、编辑、复制和打印幻灯片的命令。在此模式中，可使用滚动条或【Page Up】和【Page Down】键从一张幻灯片移到另一张幻灯片。
- **在展台浏览（全屏幕）**：选择此选项可自动运行演示文稿。例如，在展览会场或会议中播放演示文稿。如果摊位、展台或其他地点需要运行无人值守的幻灯片放映，可以选择该种方式，运行时大多数的菜单和命令都不可用，观众可以浏览演示文稿内容，但不能更改演示文稿，并且在每次放映完毕自动重新开始放映。

（二）一般放映

一般放映是指按照设置的效果进行顺序放映，PowerPoint 2013提供了从头开始放映和从当前幻灯片开始放映两种一般放映方式。

- 在"幻灯片放映"选项卡的"开始放映幻灯片"组中单击"从头开始"按钮，或直接按【F5】键，即从演示文稿的开始位置开始放映。
- 在"幻灯片放映"选项卡的"开始放映幻灯片"组中单击"从当前幻灯片开始"按钮，或直接按【Shift+F5】组合键，即从演示文稿的当前幻灯片开始放映。

（三）自定义放映

如果只需要放映演示文稿中的部分幻灯片，可采用自定义放映方式来选择放映的幻灯片。用户可随意选择演示文稿中需放映的幻灯片，既可以是连续的，也可以是不连续的，该放映方式多用于大型的演示文稿中。

自定义放映的方法是：选择【幻灯片放映】/【开始放映幻灯片】组，单击"自定义幻灯片放映"按钮，在弹出的列表中选择"自定义放映"选项，在打开的"自定义放映"对话框中新建自定义放映演示文稿的名称、放映范围和顺序即可。对于设置好自定义放映的演示文稿，单击"自定义幻灯片放映"按钮，在弹出的下拉列表中即可选择并放映创建的自定义放映。

三、任务实施

（一）设置排练计时

排练计时是指将放映每张幻灯片的时间进行记录，再次放映演示文稿时，就可按排练的时间和顺序进行放映，从而实现演示文稿的自动放映。下面在"亿联手机发布.pptx"演示文稿中设置排练时间，其具体操作如下。

（1）打开"亿联手机发布.pptx"演示文稿，单击"幻灯片放映"选项卡，在【设置】组单击"排练计时"按钮，进入放映排练状态。

（2）进入放映排练状态后，将打开"录制"工具栏并自动为该幻灯片计时，如图9-33所示。

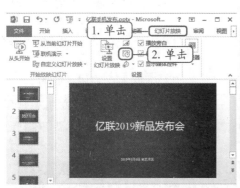

图9-33 排练计时

（3）该幻灯片播放完成后，在"录制"工具栏中单击"下一项"按钮，或直接单击鼠标左键切换到下一张幻灯片，"录制"工具栏中的时间又将从头开始为当前幻灯片的放映进行计时，如图9-34所示。

（4）使用相同的方法对其他幻灯片排练计时，所有幻灯片放映结束后，屏幕上将弹出提示对话框，询问是否保留幻灯片的排练时间，单击 是① 按钮进行保存，如图9-35所示。

图9-34 继续排练计时　　　　　　　　　图9-35 保存排练计时

计时的控制

在"录制"工具栏中单击"暂停"按钮❚❚将暂停计时；单击"重复"按钮↺可重新进行计时。在计时过程中按【Esc】键可退出计时。

（二）录制旁白

在演示文稿中，可以通过录制旁白，事先录制好演说词，这样就可以自动播放演说词。需注意的是，在录制旁白前，需要确保计算机中已安装了声卡和麦克风，且两者并处于正常工作状态，否则将不能进行录制，或录制的旁白无声音。下面在"亿联手机发布.pptx"演示文稿中录制旁白，介绍手机产品的尺寸、重量，其具体操作如下。

微课视频

录制旁白

（1）选择第22张幻灯片，单击"幻灯片放映"选项卡，在【设置】组中单击"录制幻灯片演示"按钮右侧的下拉按钮，在弹出的下拉列表中选择"从当前幻灯片开始录制"选项。

（2）在打开的"录制幻灯片演示"对话框中取消选中 □ 幻灯片和动画计时(T) 复选框，选中 ☑ 旁白和激光笔(N) 复选框，单击 开始录制(R) 按钮。

（3）此时进入幻灯片录制状态，打开"录制"工具栏，并开始对录制旁白进行计时，录制准备好的演说词，如图9-36所示。录制完成后，按【Esc】键退出幻灯片旁白录制状态，返回幻灯片普通视图，此时录制旁白的幻灯片中将会出现声音文件图标，通过控制栏可试听旁白语音效果。

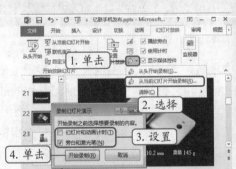

图9-36　录制旁白

放映时不播放旁白与清除录制内容

如果放映幻灯片时，不需要使用录制的排练计时和旁白，可在【幻灯片放映】/【设置】组中取消选中 □ 播放旁白和 □ 使用计时复选框，这样不会将录制的旁白和计时删除。若想将录制的计时和旁白从幻灯片中彻底删除，可以单击 录制幻灯片演示按钮右侧的下拉按钮，在弹出的下拉列表中选择"清除"选项，在其子列表中选择相应的清除选项即可。

（三）设置放映方式

根据放映的目的和场合不同，演示文稿的放映方式会有所不同。设置放映方式包括设置幻灯片的放映类型、放映选项、放映幻灯片的范围以及换片方式和性能等，这些设置都是通过"设置放映方式"对话框进行的。下面在"亿联手机发布.pptx"演示文稿中设置放映方式，其具体操作如下。

（1）在"幻灯片放映"选项卡的"设置"组中单击"设置幻灯片放映"按钮，打开"设置放映方式"对话框。

（2）在"放映类型"栏中根据需要选择不同的放映类型，这里选中 ◉演讲者放映（全屏幕）(P) 单选项。在"放映选项"栏中设置放映时的一些操作，如放映时不播放动画等，这里选中 ☑循环放映，按 ESC 键终止(L) 复选框，在"放映幻灯片"栏中可设置幻灯片放映的范围，这里选中 ◉从(F) 单选项，在文本框中输入"9"和"69"，在"换片方式"栏中设置幻灯片放映时的切换方式，这里选中 ◉如果存在排练时间，则使用它(U) 单选项，单击 确定 按钮。

（3）此时放映演示文稿将以"演讲者放映（全屏幕）"进行，如图9-37所示。

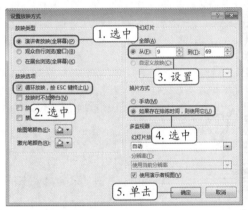

图9-37　设置放映方式

（四）快速定位幻灯片

默认状态下，演示文稿是以幻灯片顺序进行放映的，实际放映中演讲者通常会使用快速定位功能实现幻灯片的定位，这种方式可以实现在任意幻灯片之间的切换，如从第1张幻灯片定位到第5张幻灯片等。下面放映"亿联手机发布.pptx"演示文稿，并快速定位幻灯片，其具体操作如下。

（1）放映"亿联手机发布.pptx"演示文稿，在幻灯片中单击鼠标右键，在弹出的快捷菜单中选择"下一页"命令可切换到下一张幻灯片，这里选择"定位至幻灯片"命令。

（2）在打开的窗口中可查看所有幻灯片内容，如单击第23张幻灯片，可快速定位到第23张幻灯片，如图9-38所示。

203

图9-38　查看所有幻灯片

通过键盘或鼠标控制放映

操作提示

在放映幻灯片的过程中，按键盘上的数字键输入需定位的幻灯片编号，再按【Enter】键，可快速切换到该张幻灯片；或按键盘的空格键切换到下一页，通过滚动鼠标滚轮移动到上一页或下一页。

（3）此时将快速定位到第23张幻灯片并放映，如图9-39所示。

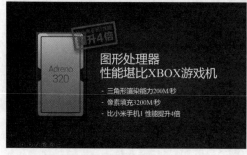

通过链接定位幻灯片

知识补充

如果在幻灯片中设置了超链接或动作按钮，放映时可通过单击链接和动作按钮来快速定位幻灯片。

图9-39　定位幻灯片

（五）为幻灯片添加注释

微课视频

为幻灯片添加注释

在放映演示文稿的过程中，演讲者若想突出幻灯片中的某些重要内容，着重进行讲解，可以通过在屏幕上添加下画线和圆圈等注释方式来勾勒出重点。下面在放映的"亿联手机发布.pptx"演示文稿中，为第37张和第62张幻灯片添加注释内容，其具体操作如下。

（1）放映演示文稿，在第37张幻灯片中单击鼠标右键，在弹出的快捷菜单中选择"指针选项/笔"命令，如图9-40所示。

（2）在该幻灯片上单击鼠标右键，在弹出的快捷菜单中选择"指针选项/墨迹颜色"命令，在其子菜单中选择笔触的颜色，这里选择"蓝色"命令，如图9-41所示。

（3）此时鼠标指针变为一个小圆点，在需要突出重点的内容下方拖动鼠标绘制下画线，如图9-42所示。

（4）标注完成后，切换到第62张幻灯片，在左下角的工具栏中单击"笔触"按钮 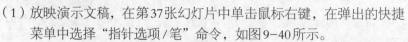，在弹出的列表中选择"荧光笔"选项，然后再次单击"笔触"按钮 ，将其颜色设置为"红

色"，如图9-43所示。

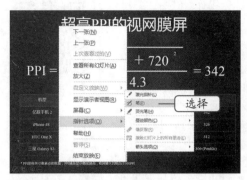

图9-40　选择使用笔

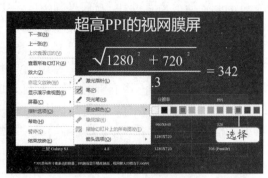

图9-41　设置笔颜色

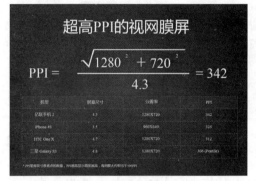

图9-42　绘制下画线

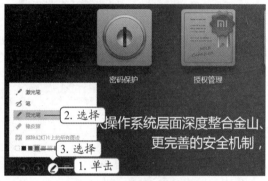

图9-43　设置荧光笔颜色

（5）使用相同的方法拖动鼠标，使用荧光笔将该张幻灯片中的重点内容圈起来。放映结束后，按【Esc】键退出幻灯片放映状态，此时将打开提示对话框，询问是否保留墨迹注释，单击 保留(K) 按钮保存墨迹，只有对墨迹进行保存后才会显示在幻灯片中，如图9-44所示。

图9-44　保存墨迹注释

放映工具栏

进入放映状态后，左下角将显示出工具栏，其功能应用与右键菜单相对应：■■按钮用于切换到上一张或下一张幻灯片；■按钮对应"指针选项"命令；■按钮对应"显示演示者视图"命令；■按钮则包含其他命令选项。

（六）将演示文稿转换为图片

演示文稿制作完成后，可将其转换为其他格式的图片文件，如JPG、PNG等图片文件，这样浏览者可以以图片的方式观看演示文稿的内容。下面将"亿联手机发布.pptx"演示文稿的幻灯片转换为图片，其具体操作如下。

（1）在"亿联手机发布.pptx"演示文稿中选择【文件】/【导出】命令，在"导出"栏中选择"更改文件类型"选项，在右侧"更改文件类型"界面的"图片文件类型"栏中选择输出图片的格式，这里双击"PNG可移植网络图形格式"选项，如图9-45所示。

（2）打开"另存为"对话框，在地址栏中设置保存位置，在"文件名"文本框中输入文件名，单击 保存(S) 按钮，如图9-46所示。

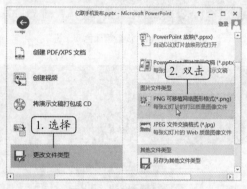

图9-45　选择图片类型

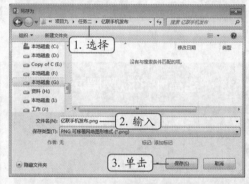

图9-46　设置图片保存位置

（3）此时会弹出一个提示对话框，单击 所有幻灯片(A) 按钮可将演示文稿中的所有幻灯片保存为图片，单击 仅当前幻灯片(C) 按钮，只将当前的幻灯片转换为图片文件，这里单击 所有幻灯片(A) 按钮，如图9-47所示。

（4）打开保存幻灯片图片的文件夹，在其中可查看图片内容，如图9-48所示。

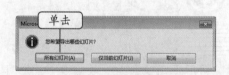

图9-47　转换每张幻灯片

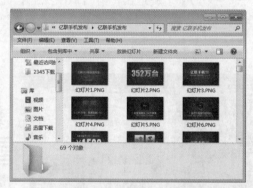

图9-48　查看转换的图片

（七）将演示文稿导出为视频

将演示文稿导出为视频文件，可使浏览者通过任意一款播放器查看演示文稿的内容。下面将"亿联手机发布.pptx"演示文稿导出为.wmv格式的视频，其具体操作如下。

（1）选择【文件】/【导出】命令，在打开页面的"导出"栏中选择"创建视频"选项，在右侧单击"创建视频"按钮 ，如图9-49所示。

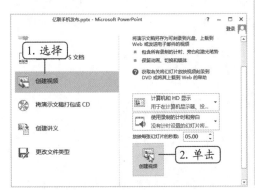

设置视频参数

在"创建视频"界面中的"计算机和HD显示"列表框中可设置视频图像的分辨率；在"不要使用录制的计时和旁白"列表框中设置是否在视频中添加演示文稿的旁白；在"放映每张幻灯片的秒数"数值框中设置视频播放每张幻灯片的保持时间。

图9-49　启用导出视频命令

（2）打开"另存为"对话框，在地址栏中设置保存位置，在"文件名"文本框中保持默认文件名；在"保存类型"下拉列表框中选择".wmv格式"选项，单击 保存(S) 按钮，如图9-50所示。

（3）开始导出视频，导出完成后，在保存位置双击发布的视频文件，将开始播放视频，如图9-51所示。

图9-50　保存设置

图9-51　观看视频

（八）将演示文稿导出为PDF文件

PDF是一种常用的电子文件格式，类似于网络中的电子杂志，便于阅读。在跨操作系统，或者Office软件版本不同时，PowerPoint演示文稿格式会发生变化，将其导出为PDF文件使用便可避免该情况。下面将"亿联手机发布.pptx"演示文稿导出为PDF文件，其具体操作如下。

微课视频

将演示文稿导出为PDF文件

（1）选择【文件】/【导出】命令，在打开页面的"导出"栏中选择"创建PDF/XPS文档"选项，在"创建PDF/XPS文档"栏中单击"创建PDF/XPS"按钮 ，如图9-52所示。

（2）打开"发布为PDF或XPS文件"对话框，在地址栏中设置保存位置，在"文件名"文本框中保持默认文件名，单击 选项(O)... 按钮，如图9-53所示。

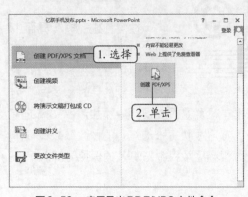

图9-52　启用导出PDF/XPS文件命令

图9-53　设置保存位置

（3）打开"选项"对话框，在"范围"栏中选中 ⦿全部(A) 单选项，在"发布选项"栏中选中 ☑包括批注和墨迹标记(K) 复选框，其他保持默认设置，单击 确定 按钮，如图9-54所示。

（4）返回"发布为PDF或XPS文件"对话框，单击 发布(S) 按钮，开始发布，如果计算机中安装有PDF阅读器，那么发布完成后将自动打开发布的PDF文件，在其中使用鼠标拖动右侧的滑块或滚动鼠标滑轮可依次查看每张幻灯片效果，如图9-55所示。

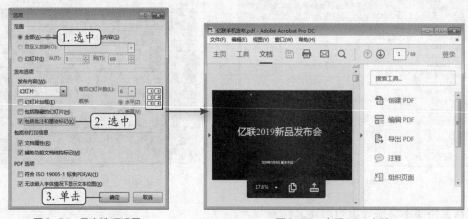

图9-54　导出选项设置　　　　　　　图9-55　查看PDF文件

实训一　设置交互放映"东南亚旅游"演示文稿

【实训要求】

本实训要求为"东南亚旅游"演示文稿设置交互，然后放映。设置交互和放映的效果如图9-56所示。

素材所在位置　素材文件\项目九\实训一\东南亚旅游.pptx
效果所在位置　效果文件\项目九\实训一\东南亚旅游.pptx

图9-56　为"东南亚旅游"演示文稿添加交互和放映效果

【专业背景】

　　制作旅游类演示文稿的目的是向游客宣传景点，因此文字与图片的排版需要合理，配图需要精美。如果在演示文稿中制作有"目录"幻灯片，可设置交互功能控制放映。

【实训思路】

　　完成本实训非常简单，打开"东南亚旅游.pptx"素材文件后，首先在目录页为相关文本内容设置超链接，然后在实际放映中通过链接控制放映过程。

209

【步骤提示】

（1）打开"东南亚旅游.pptx"素材文件，为第2张幻灯片中的"泰国""马来西亚""印尼"文本内容设置超链接，分别链接到第3张、第7张和第10张幻灯片。

（2）为第3张、第7张和第10张幻灯片中的文本内容设置超链接，将其链接到第2张幻灯片。

（3）将单击链接后的颜色自定义为"橙色"。

（4）按【F5】键从头开始放映演示文稿，放映过程中可通过超链接跳转和定位幻灯片。

微课视频

设置交互放映"东南亚旅游"演示文稿

实训二　放映输出"企业文化培训"演示文稿

【实训要求】

　　本实训的目的是放映输出"企业文化培训"演示文稿，在放映演示文稿前，需要确定放映的场合，以便进行放映前的设置，然后将其导出为图片浏览。通过实训让读者熟练掌握演示文稿的放映和输出方法。最终效果如图9-57所示。

素材所在位置　素材文件\项目九\实训二\企业文化培训.pptx
效果所在位置　效果文件\项目九\实训二\企业文化培训、企业文化培训.pptx

图9-57 放映输出"企业文化培训"最终效果

【专业背景】

企业文化是企业生产经营和管理活动中所创造的具有该企业特色的精神财富和物质形态，它包括文化观念、价值观念、企业精神、道德规范、行为准则等。其中价值观是企业文化的核心。

【实训思路】

完成本实训首先设置放映方式，然后进行放映控制，最后将演示文稿导出为图片。

【步骤提示】

（1）打开素材文件"企业文化培训.pptx"演示文稿，设置为"演讲者放映（全屏幕）"放映方式。

（2）放映演示文稿，在第2张幻灯片中使用荧光笔为重点内容添加注释。

（3）放映完成后退出放映，将演示文稿中的所有幻灯片转换为.jpg格式的图片文件。

微课视频

放映输出"企业文化培训"演示文稿

课后练习——设置并输出"医院年度工作计划"演示文稿

下面将为"医院年度工作计划"演示文稿设置交互，包括添加超链接和动作按钮，然后对演示文稿进行放映，最后将其导出为视频观看。

"年度工作计划"是公司或单位经常需要制作的演示文稿，对下一年度的工作具有指导意义。实际工作中，"年度工作计划"是建立在可行性的基础上的，因此，演示文稿中要说明如何去实现计划。通过本练习，读者可以熟练掌握为演示文稿添加交互功能，放映和输出演示文稿的方法。设置超链接后的效果如图9-58所示，放映时添加的注释效果如图9-59所示，输出视频的效果如图9-60所示。

素材所在位置 素材文件\项目九\课后练习\医院年度工作计划.pptx

效果所在位置 效果文件\项目九\课后练习\医院年度工作计划

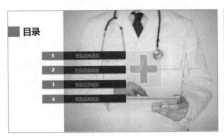 

图9-58　添加超链接的效果

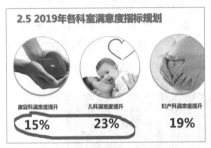 

图9-59　添加注释后的效果　　　　图9-60　视频效果

操作要求如下。

- 打开素材文件"医院年度工作计划.pptx"演示文稿，在第3张幻灯片中为目录标题文本设置超链接，分别链接到标题对应的幻灯片。
- 将单击链接前的颜色设置为"浅蓝"，将单击链接后的颜色设置为"橙色"。
- 在最后一张幻灯片中绘制"动作按钮：开始"动作按钮，单击该按钮跳转到首张幻灯片。
- 设置为"演讲者放映（全屏幕）"放映方式，从头开始放映演示文稿，在第12张幻灯片中使用荧光笔添加指标数据的注释。
- 放映完成后退出放映，将演示文稿导出为.mp4格式的视频并观看。

技巧提升

1. 用"显示"代替"放映"

放映演示文稿一般都是先打开演示文稿，再通过各种命令或单击某些按钮进入放映状态，对于讲究效率的演示者来说依然稍显麻烦，而用"显示"来代替"放映"可以快速放映演示文稿。其方法是：在计算机中找到需放映的演示文稿的保存位置，选择需放映的演示文稿缩略图，单击鼠标右键，在弹出的快捷菜单中选择"显示"命令，即可从头放映该演示文稿。

2. 让幻灯片以黑屏显示

在对演示文稿进行演示的过程中，出现需要休息或与观众进行讨论的情况时，为了避免屏幕上的图片分散观众的注意力，可单击鼠标右键，在弹出的快捷菜单中选择【屏幕】/【黑屏】命令或按【B】键使屏幕显示为黑色。休息后或讨论完成后再单击鼠标右键，在弹出的快捷菜单中选择【屏幕】/【屏幕还原】命令或按【B】键即可恢复正常。按【W】键也会产生类似的效果，只是屏幕将自动变成白色。

3. 放映时隐藏鼠标指针

在放映幻灯片的过程中，如果鼠标指针一直出现在屏幕上，会影响放映效果，此时可将鼠标隐藏。其方法是：在放映的幻灯片上单击鼠标右键，在弹出的快捷菜单中选择【指针选项】/【箭头选项】/【永远隐藏】命令，即可将鼠标指针隐藏。

4. 在演示者视图中放映幻灯片

PowerPoint 2013中，演示者视图最突出的作用是，如果用户在演示文稿的"备注"窗格中添加了备注内容，进入演示者视图后，演讲者可直接查看备注内容进行演讲，而且在演示者视图中，观众只能看到幻灯片内容，无法看到备注内容。在PowerPoint 2013中，按【Alt+F5】组合键，或在放映状态下单击鼠标邮件，选择"显示演示者视图"命令即可进入演示者视图，如图9-61所示。演示者视图窗口中有很多按钮，各按钮的作用分别介绍如下。

图9-61　演示者视图

- ▦按钮：单击该按钮，将会在屏幕下方显示任务栏，以便程序之间切换。
- ▦按钮：单击该按钮，在弹出的列表中提供了"交换演示者视图和幻灯片放映"以及"重复幻灯片放映"选项，选择相应的选项，可对其进行相应的设置。
- ▦按钮：单击该按钮，将退出演示者视图，并结束幻灯片放映。
- ▌▌按钮：进入演示者视图后，将会开始记录幻灯片播放的时间，单击该按钮，可暂停计时。
- ✎按钮：单击该按钮，在弹出的面板中提供了多个选项。选择相应的选项，可对其笔和荧光笔进行设置。
- ▦按钮：单击该按钮，在打开的面板中将显示演示文稿中的所有幻灯片，与在演讲者放映时手动定位幻灯片相似。
- ◎按钮：单击该按钮，在幻灯片上单击鼠标，可放大显示幻灯片；再次单击该按钮，可缩小显示幻灯片。
- ⊙按钮：单击该按钮，在弹出的列表中选择相应的选项，可对其进行设置。
- ◀按钮：单击该按钮，可切换到下一张幻灯片进行放映。
- ▶按钮：单击该按钮，可切换到上一张幻灯片进行放映。
- 🅰按钮：单击该按钮，可缩小显示幻灯片的备注文本。
- 🅰按钮：单击该按钮，将放大显示幻灯片的备注文本。

PART 10

项目十
综合案例——制作营销策划案

学习目标

- 熟练掌握制作Word文档的一般流程和方法
- 熟练掌握制作Excel表格的一般流程和方法
- 熟练掌握制作PowerPoint演示文稿的一般流程和方法

技能目标

- 使用Word制作"营销策划"文档
- 使用Excel制作"广告预算费用表"
- 使用PowerPoint制作"洗面奶广告案例"演示文稿

任务一　使用Word制作"营销策划"文档

本任务将使用Word制作营销策划文档。制作前，应先收集相关资料，做好前期准备。可以进行相关调研活动，还可在网上查找需要的数据和图片，再进行整合处理。本任务完成后的文档效果如图10-1所示。

素材所在位置　素材文件\项目十\任务一\文档图片
效果所在位置　效果文件\项目十\任务一\营销策划.docx

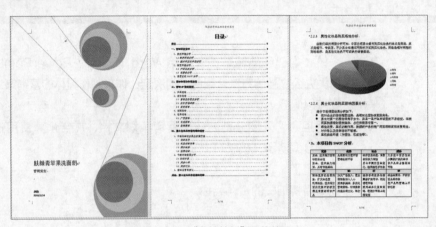

图10-1　"营销策划"最终效果

（一）输入文本与格式设置

使用Word可整理文案资料，制作广告的相关策划案。撰写广告文案时，应该将实际调查的数据进行整理归纳，再制作出符合市场需要的产品营销文案。下面在Word中新建文档，输入"营销策划"的相关文本内容，并设置文本的字体、段落格式，其具体操作如下。

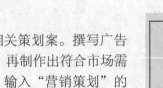

微课视频

输入文本与格式设置

（1）启动Word 2013，新建"营销策划.docx"文档并保存。在默认的鼠标光标处输入"前言"文本，如图10-2所示。

（2）按【Enter】键，输入前言的内容，如图10-3所示。

图10-2　输入"前言"

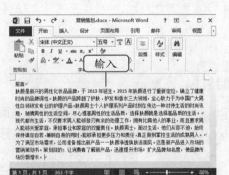

图10-3　输入前言的内容

（3）选择前言的内容，单击鼠标右键，在弹出的快捷菜单中选择"段落"命令，打开"段落"对话框的"缩进和间距"选项卡，在"缩进"栏的"特殊格式"下拉列表框中选择"首行缩进"选项，在"缩进值"数值框中输入"2字符"，如图10-4所示。

（4）按【Enter】键，继续输入"一、营销环境分析"章节内容，然后选择"2.1.1"标题下的正文内容，在【开始】/【段落】组中单击"项目符号"按钮 三 ▾ 右侧的下拉按钮 ▾ ，在弹出的下拉列表中选择 ● 项目符号，如图10-5所示。

图10-4 设置首行缩进

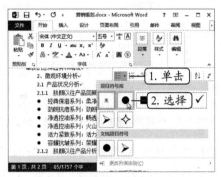
图10-5 输入文本并添加项目符号

（5）继续输入其他章节内容，并设置项目符号。完成输入和设置后，按【Ctrl+A】组合键选择全部文本内容，将字号设置为"小四"，如图10-6所示。

（6）分别为"一、营销环境分析""1、宏观环境分析""1.1 经济环境分析""2.1.1 肤颜以往产品回顾（主要已开发六大系列产品）"段落标题应用"标题1""标题2""标题3""标题4"样式，如图10-7所示。

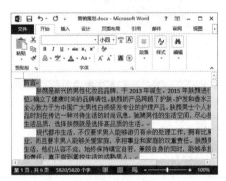
图10-6 设置字号

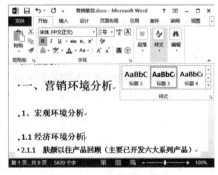
图10-7 应用标题样式

（7）将鼠标光标插入"一、营销环境分析"段落，在【开始】/【样式】组的列表框中"标题1"样式选项上单击鼠标右键，在弹出的快捷菜单中选择"修改"命令。

（8）打开"修改样式"对话框，在"格式"栏中将字体设置为"黑体、二号"，然后单击 格式(O) ▾ 按钮，在弹出的列表中选择"段落"选项，如图10-8所示。

（9）打开"段落"对话框的"缩进和间距"选项卡。在"常规"栏的"对齐方式"列表框中选择"居中"选项，在"间距"栏中将"段前"和"段后"的间距都设置为"12磅"，如图10-9所示。单击 确定 按钮，返回"修改样式"对话框，选中 ☑ 自动更新(U) 复选框，单击 确定 按钮确认设置。

图10-8　设置字体格式并打开"段落"对话框

图10-9　段落设置

（10）将鼠标光标插入修改样式后的"一、营销环境分析"段落，在【开始】/【剪贴板】组中连续单击两次"格式刷"按钮，如图10-10所示。

（11）在"二、目标市场与市场定位"等章节标题段落中使用格式刷应用"标题1"样式，如图10-11所示。

图10-10　启用格式刷

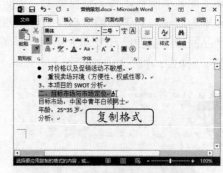

图10-11　使用格式刷应用标题样式

（12）使用相同的方法，将"标题2"样式字体修改为"黑体、三号、加粗"，段间距修改为"10磅、10磅"。将"标题3"样式字体修改为"黑体、小三、加粗"，段间距修改为"10磅、10磅"。将"标题4"样式字体修改为"黑体、四号、取消加粗"，段间距修改为"10磅、10磅"，并使用格式刷为相同的段落等级应用对应的样式。

（二）在文档中插入图片和表格

下面继续在新建的"营销策划.docx"文档中插入图片和表格，并对图片和表格进行美化设置，其具体操作如下。

（1）在"2.2.2　男士购买化妆品的动机"段落的正文文本末尾按【Enter】键，在【插入】/【插图】组中单击"图片"按钮，如图10-12所示。

（2）打开"插入图片"对话框，选择"购买动机.tif"素材图片文件，然后单击 插入(S) 按钮，如图10-13所示。

微课视频

在文档中插入图片和表格

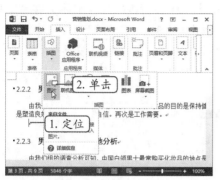

图 10-12 执行图片插入操作

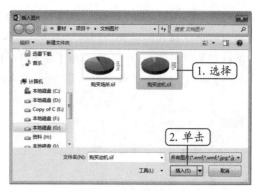

图 10-13 插入图片

（3）插入图片后，在【开始】/【段落】组中单击"居中"按钮三，使图片居中显示，并调整图片的大小，如图 10-14 所示。

（4）保持图片选中状态，在【格式】/【大小】组中单击"裁剪"按钮，在图片底部向上拖动鼠标，裁剪图片，如图 10-15 所示。

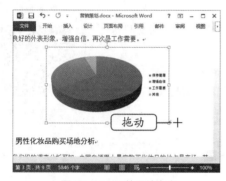

图 10-14 调整图片大小

图 10-15 裁剪图片

（5）使用相同的方法，在"2.2.3 男性化妆品购买场地分析"段落插入"购买场所 .tif"素材图片，并进行裁剪和调整大小。

（6）在"3、本项目的 SWOT 分析"段落下方插入鼠标光标，然后在【插入】/【表格】组中单击"表格"按钮，在弹出的列表中选择 4 行 4 列表格，如图 10-16 所示。

（7）插入 4 行 4 列表格后，依次在单元格中输入相应的内容，如图 10-17 所示。

图 10-16 插入表格

图 10-17 输入表格内容

（8）选择第1行和第3行单元格，在【开始】/【段落】组中设置内容居中显示，在"字体"组中将字体格式设置为"黑体、五号、加粗"，如图10-18所示。

（9）选择第1行和第3行单元格，在【设计】/【底纹】组中单击"底纹"按钮，将其底纹颜色设置为"白色，背景1，深色5%"，如图10-19所示。

图10-18 设置字体和对齐

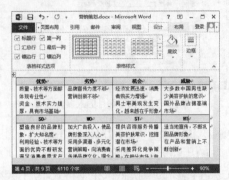

图10-19 设置底纹

（三）完善文档编排

下面继续完善"营销策划.docx"文档的编排工作，包括为文档添加封面和目录，以及设置页眉内容，其具体操作如下。

微课视频

完善文档编排

（1）将鼠标光标插入前言正文段落末尾处，选择【插入】/【页面】组，单击"分页"按钮，插入分页符分页，如图10-20所示。

（2）使用相同的方法为"附表"分页，如图10-21所示。

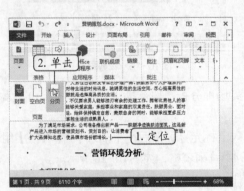

图10-20 执行分页操作

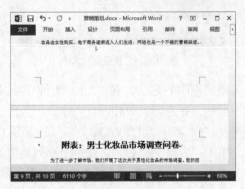

图10-21 分页

（3）在【插入】/【页面】组中单击"封面"按钮，在弹出的列表框中选择"现代型"选项，如图10-22所示。

（4）在文档首页插入封面后，删除"摘要"板块，然后在其他板块中输入相应的文本内容，如图10-23所示。

（5）将鼠标光标插入"前言"文本前，在【引用】/【目录】组中单击"目录"按钮，在弹出的列表中选择"自定义目录"选项，打开"目录"对话框，在"目录"选项卡的"格式"列表框中选择"正式"选项，在"显示级别"数值框中输入"3"，单击 确定 按钮插入目录，如图10-24所示。

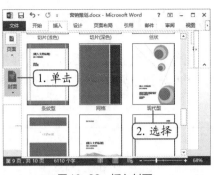
图10-22　插入封面

图10-23　编辑封面内容

（6）在插入的目录前面输入"目录"标题文本，设置字体格式为"黑体、二号、加粗"，然后在下方插入分页符，使目录与前言分页显示，如图10-25所示。

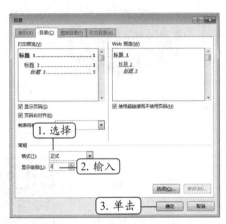
图10-24　设置目录样式

图10-25　目录效果

（7）在前言页面的页眉区域双击鼠标，进入页眉/页脚编辑状态。首先在【开始】/【字体】组中单击"清除所有格式"按钮，删除页眉中的横线，然后输入页眉文字内容，将其字体设置为"华文新魏、五号、蓝色、居中对齐"，如图10-26所示。

（8）单击"设计"选项卡，在"页眉和页脚"组中单击页码按钮，在弹出的列表中选择"页面底端"选项，再在其子列表中选择"加粗显示的数字2"选项，添加和设置页码效果，如图10-27所示。至此，完成本任务的操作，按【Ctrl+S】组合键保存文档。

图10-26　设置页眉

图10-27　设置页码

任务二　使用Excel制作"广告预算费用表"

　　米拉制作完营销策划文档后，就打算使用Excel制作"广告预算费用表"。老洪告诉米拉，首先录入各类广告媒介的费用数据，然后统计广告的总计预算费用，并通过饼图查看各项费用支出的占比。完成后的效果如图10-28所示。

素材所在位置　　素材文件\无
效果所在位置　　效果文件\项目十\任务二\广告预算费用表.xlsx

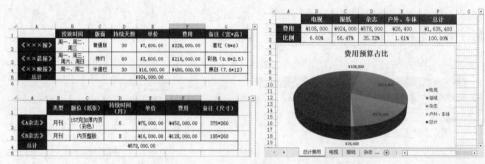

图10-28　"广告预算费用表"最终效果

（一）制作广告预算费用表

　　下面新建"广告预算费用表.xlsx"工作簿，然后新建几张工作表，并在各工作表中输入和计算各媒体广告的预算费用，其具体操作如下。

（1）启动Excel 2013，新建"广告预算费用表.xlsx"工作簿。将"Sheet1"工作表重命名为"总计费用"，然后新建4张工作表，分别命名为"电视""报纸""杂志""户外、车体"，如图10-29所示。

（2）单击"电视"工作表标签，在单元格中输入对应的数据，将B4:G4单元格合并居中，如图10-30所示。

图10-29　新建工作簿和工作表

图10-30　输入数据

（3）选择所有数据单元格，将字号设置为"12"，对齐方式为"居中显示"。选择B1:G1、A1:A4单元格区域，设置字体加粗显示，如图10-31所示。

（4）选择B2:C3单元格区域，在【开始】/【对齐方式】组中单击 自动换行按钮，使单元格数据自动换行显示，如图10-32所示。

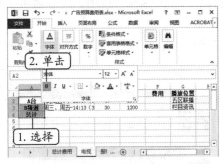

图10-31 设置字体

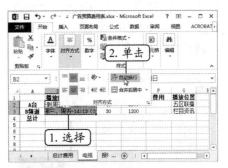

图10-32 数据自动换行

（5）将鼠标指针移到C列单元格边框，向右侧拖动鼠标，增加C列列宽，如图10-33所示。然后使用相似方法调整第1行和第4行单元格的行高。

（6）选择F2单元格，输入公式"=D2*E2"计算"A台"的广告费用，如图10-34所示。完成计算后，向下拖动鼠标，填充公式计算"B频道"的广告费用。

图10-33 增加C列列宽

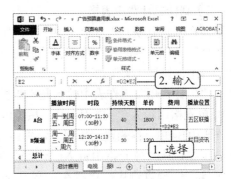

图10-34 计算广告费用

（7）在合并后的B4单元格中输入函数"=SUM(F2:F3)"计算电视广告的总计费用，如图10-35所示。

（8）按【Ctrl】键选择B4单元格和E2:F3单元格区域，在【开始】/【数字】组的列表框中选择"货币"选项，如图10-36所示。

图10-35 计算电视广告的总计费用

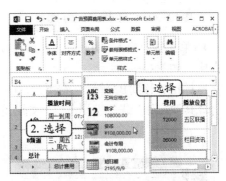

图10-36 设置数字类型

（9）选择A1:G4单元格区域，在【开始】/【字体】组中单击按钮，设置"所有边框"样式。

选择B1:G1和A1:A4单元格区域，在"字体"组中单击"填充颜色"按钮 🖌 右侧的下拉按钮，在弹出的列表中选择"灰色–50%，着色3，深色50%"选项，设置表头单元格底纹，效果如图10-37所示。

（10）按照相同的方法，依次制作"报纸""杂志""户外、车体"工作表，如图10-38所示。

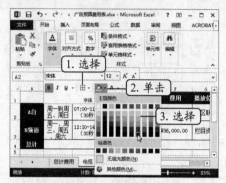

图10-37　设置边框和底纹

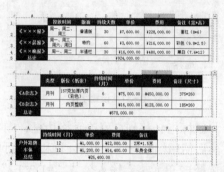

图10-38　制作其他工作表

（二）制作总计费用表格

下面在"总计费用"工作表中引用"电视""报纸""杂志""户外、车体"工作表中的费用数据，计算总计费用和各项媒体广告预算费用的占比，其具体操作如下。

（1）在"总计费用"工作表中输入基本数据并设置边框和底纹后，在B2单元格中输入"=电视!B4"，按【Enter】键，引用"电视"工作表中B4单元格的费用数据，如图10-39所示。

（2）分别在C2~E2单元格中输入"=报纸!B5""=杂志!B4""=户外、车体!B4"，引用相应媒体广告预算费用，然后在F2单元格中输入"=SUM(B2:E2)"，计算总计费用，如图10-40所示。

图10-39　引用电视广告费用数据

图10-40　引用并计算费用

（3）在F3单元格中输入"100%"，然后在B3单元格中输入"=B2/$F$2"，计算电视广告费用占比，如图10-41所示。

（4）将鼠标指针移到B3单元格右下角，向右拖动鼠标，至E3单元格时释放鼠标，填充公式计算其他媒体广告的费用占比，如图10-42所示。

图10-41　计算电视广告费用占比

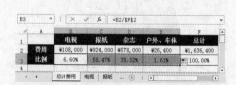

图10-42　计算其他媒体广告的费用占比

（三）创建饼图统计费用占比

下面在"总计费用"工作表中创建饼图图表，使用饼图图表查看和分析各媒体广告预算费用的占比，其具体操作如下。

（1）在"总计费用"工作表中选择A1:F3单元格区域，然后单击"插入"选项卡，在"图表"组中单击"插入饼图或圆环图"按钮 ，在弹出的列表中选择"三维饼图"选项，如图10-43所示。

（2）将饼图移到数据表格下方，并适当调整饼图大小。在【设计】/【图表样式】组中单击"快速样式"按钮 ，在弹出的列表中选择"样式5"选项，如图10-44所示。

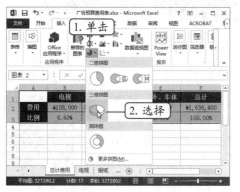

图10-43　创建三维饼图

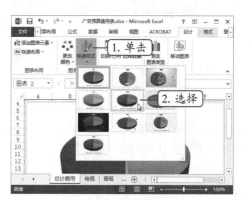

图10-44　设置饼图样式

（3）保持图表选中状态，在【设计】/【图表布局】组中单击 添加图表元素 按钮，在弹出的列表中选择"图例/右侧"选项，如图10-45所示。

（4）在"图表标题"文本框中输入"预算费用占比"。在【设计】/【图表布局】组中单击 添加图表元素 按钮，在弹出的列表中选择"数据标签/最佳匹配"选项，如图10-46所示。

图10-45　设置图例位置

图10-46　添加数据标签

任务三　使用PowerPoint制作"洗面奶广告案例"演示文稿

将文档与费用资料整理完毕，即可使用PowerPoint制作产品的广告演示案例，从而更直观地展示产品。完成后的效果如图10-47所示。

素材所在位置 素材文件\项目十\任务三\PPT图片
效果所在位置 效果文件\项目十\任务三\洗面奶广告案例.pptx

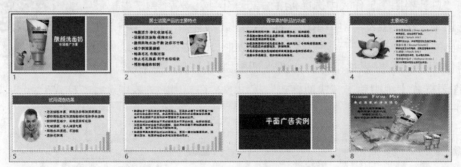

图10-47 "洗面奶广告案例"最终效果

（一）搭建演示文稿框架

要制作一份完整的演示文稿，除了要先搜集相关资料以外，还需要对其搭建一个完整的整体框架，方便以后录入的内容统一美观。下面新建"洗面奶广告案例.pptx"演示文稿，通过设置幻灯片母版搭建演示文稿框架，其具体操作如下。

微课视频

搭建演示文稿框架

（1）启动PowerPoint 2013，新建"洗面奶广告案例"演示文稿。

（2）在【设计】/【自定义】组中单击"幻灯片大小"按钮，在弹出的列表中选择"自定义幻灯片大小"选项，打开"幻灯片大小"对话框，将幻灯片大小设置为"全屏显示（16:9）"，如图10-48所示。

（3）切换到幻灯片母版视图，在第1张母版幻灯片上方绘制矩形，填充颜色为"绿色，着色6，深色25%"，高度设置为"2.2厘米"，宽度设置为"25.4厘米"，如图10-49所示。

（4）在【格式】/【排列】组中单击"下移一层"按钮，在弹出的列表中选择"置于底层"选项，将矩形置于底层，如图10-50所示。

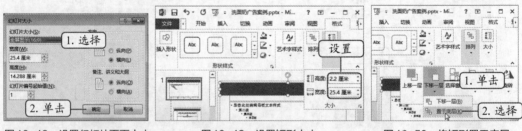

图10-48 设置幻灯片页面大小　　图10-49 设置矩形大小　　图10-50 将矩形置于底层

（5）在矩形的下方绘制一个矩形，填充颜色为"橙色"，高度设置为"0.15厘米"，宽度设置为"25.4厘米"。然后使用相同的方法，在幻灯片底部绘制多个矩形形状，填充不同的颜色，并置于底层，如图10-51所示。

（6）在幻灯片中间绘制一个矩形，在【格式】/【形状样式】组中单击形状填充按钮，在弹出的列表中选择"其他填充颜色"选项，打开"颜色"对话框。单击"自定义"选项卡，将RGB值设置为"214、236、255"，将"透明度"设置为"60%"，如图10-52所示。

图10-51　绘制多个矩形

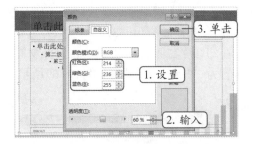

图10-52　绘制矩形并设置颜色透明度

（7）将标题占位符移动到第1个矩形的中间位置，将字体格式设置为"微软雅黑、32、白色，背景1、居中显示"，如图10-53所示。

（8）选择第2张幻灯片，在【幻灯片母版】/【背景】组中选中☑隐藏背景图形复选框，然后在编辑区绘制2个矩形，填充颜色分别为"蓝灰，文字2"和"浅绿"，如图10-54所示。

图10-53　设置标题占位符

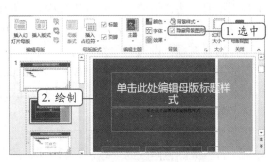

图10-54　设置标题幻灯片背景

（二）制作内容页

通过设置幻灯片母版搭建演示文稿框架后，便可在新建的幻灯片中添加文字、图片等内容。其具体操作如下。

微课视频

制作内容页

（1）退出幻灯片母版视图，在第1张幻灯片的【插入】/【图像】组中单击"图片"按钮，在打开的"插入图片"对话框中双击"洗面奶.png"选项，插入素材图片，如图10-55所示，然后调整图片大小，如图10-56所示。

（2）删除副标题占位符，然后在标题占位符中输入标题文本，并调整占位符的大小，将字体设置为"方正水柱简体"，字号分别为"44、19"，如图10-57所示。

图10-55　插入图片

图10-56　调整图片大小

图10-57　输入标题

（3）按【Entet】键新建幻灯片，在正文占位符中输入正文内容，字体设置为"方正毡笔黑简体、28"，如图10-58所示。

（4）在幻灯片右侧插入"美肤.jpg"素材图片，在【格式】/【图片样式】组中将图片样式设置为"白色，旋转"，如图10-59所示。

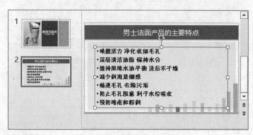
图10-58　输入正文内容

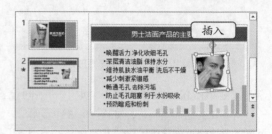
图10-59　插入并设置图片样式

（5）利用相似方法，新建幻灯片并添加内容，制作第3~6张幻灯片。

（6）在第6张幻灯片下方新建"标题幻灯片"作为第7张幻灯片，输入标题文本，将标题占位符的填充颜色设置为"深蓝"，如图10-60所示。

（7）新建第8张"空白"幻灯片，插入"海报.png"图片，覆盖整张幻灯片页面。

（8）新建第9张"空白"幻灯片，绘制矩形覆盖整张幻灯片页面，将其填充颜色设置为"蓝色，着色1，深色80%"。

（9）复制第6张幻灯片中的标题占位符至第9张幻灯片中，调整大小和位置，然后输入结束语，将填充颜色修改为"绿色，着色6，淡色60%"，效果如图10-61所示。

图10-60　制作第7张幻灯片

图10-61　制作结束页幻灯片

（三）设置幻灯片动画效果

在幻灯片中添加内容后，可为幻灯片添加切换效果，并为幻灯片中的对象设置动画，其具体操作如下。

（1）选择第1张幻灯片，设置"形状"切换效果，将显示时间设置为"1秒"，并应用到所有幻灯片中，如图10-62所示。

（2）选择第1张幻灯片的标题占位符，添加"劈裂"动画，将"开始时间"设置为"上一动画之后"，将"持续时间"设置为"1秒"，如图10-63所示。

（3）选择第1张幻灯片的"洗面奶"图片，为其添加"轮子"动画，将"开始时间"设置为"上一动画之后"，将"持续时间"设置为"2秒"，如图10-64所示。

（4）在第2张幻灯片中选择正文占位符，设置"浮入"动画，将"开始时间"设置为"上一

微课视频

设置幻灯片动画效果

动画之后",将"持续时间"设置为"2秒",如图10-65所示。

（5）使用相同的方法为后面的各张幻灯中的对象设置动画效果，完成制作后保存演示文稿。

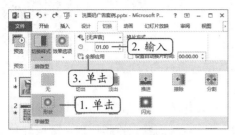

图10-62 设置幻灯片切换效果

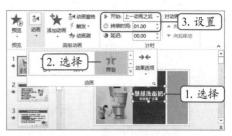

图10-63 设置标题占位符动画

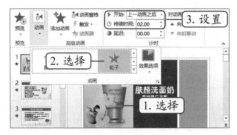

图10-64 设置图片动画

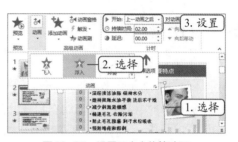

图10-65 设置正文占位符动画

课后练习——编写"年终总结"文案

下面将编写"年终总结"文案。制作过程中，将使用Word编辑文档内容，使用Excel制作专业表格，然后将文档内容和表格复制到PowerPoint幻灯片，从而提高制作效率和准确性，最终效果如图10-66所示。

素材所在位置 素材文件\项目十\课后练习\年终总结
效果所在位置 效果文件\项目十\课后练习\年终总结

图10-66 "年终总结"效果

操作要求如下。

- 新建"财务部年终报告.docx""客户部年终报告.docx""业务部年终报告.docx"文档；标题字体格式设置为"方正大标宋简体，二号"，正文字体格式设置为"华文楷体，四号"；行距设置为"多倍行距、1.8"。
- 新建"订单明细.xlsx"工作簿，输入订单数据，将行高设置为"20"，套用"表样式浅色12"表格样式。
- 新建"年终总结.pptx"演示文稿，通过导入素材图片和绘制形状设置幻灯片母版，搭建演示文稿框架。填充内容页，其中第4张幻灯片需要设置超链接，链接到总结文档，在第5张幻灯片中复制"订单明细.xlsx"工作簿中的数据表格。

微课视频
编写"年终总结"文案

技巧提升

1. Word文档制作流程

Word常用于制作和编辑办公文档，如通知、说明书等，在制作这些文档时，只要掌握了使用Word制作文档的流程，制作起来就会非常方便、快捷。虽然使用Word可制作的文档类型非常多，但其制作流程都基本相同，图10-67所示为使用Word制作文档的流程。

2. Excel电子表格制作流程

Excel用于创建和维护电子表格，通过它不仅可制作各种类型的电子表格，还能对其中的数据进行计算、统计。Excel的应用范围比较广，如日常办公表格、财务表格等，但在制作这些表格前，需要掌握使用Excel制作电子表格的流程，如图10-68所示。

图10-67　Word文档制作流程　　　　图10-68　Excel电子表格制作流程

3. PowerPoint演示文稿制作流程

PowerPoint用于制作和放映演示文稿，是现在办公行业应用最广泛的多媒体编辑软件之一，使用PowerPoint软件可制作用于培训、宣传、课件以及会议等的演示文稿。PowerPoint虽然应用比较广泛，但其制作方法和流程都类似，图10-69所示为制作演示文稿的流程。

图10-69　PowerPoint演示文稿制作流程

附　录

1. Word、Excel、PowerPoint常用快捷键

微课视频

Word、Excel、
PowerPoint常用
快捷键

2. 十大Word、Excel、PowerPoint进阶网站推荐

微课视频

十大Word、Excel、
PowerPoint进阶网站
推荐

3. Excel常用函数

微课视频

Excel常用函数

4. 公文写作基础

微课视频

公文写作基础

5. Word排版艺术

微课视频

Word排版艺术

6. PowerPoint配色方案

微课视频

PowerPoint配色方案